《园林计算机辅助设计》
编委会

主　编：苏志龙　许纬纬

副主编：杨丽萍　欧鉴基　董雅洁

编　委：李　煜　陈黎黎　李琪瑶

园林计算机辅助设计

苏志龙　许纬纬◎主编

云南大学出版社
YUNNAN UNIVERSITY PRESS

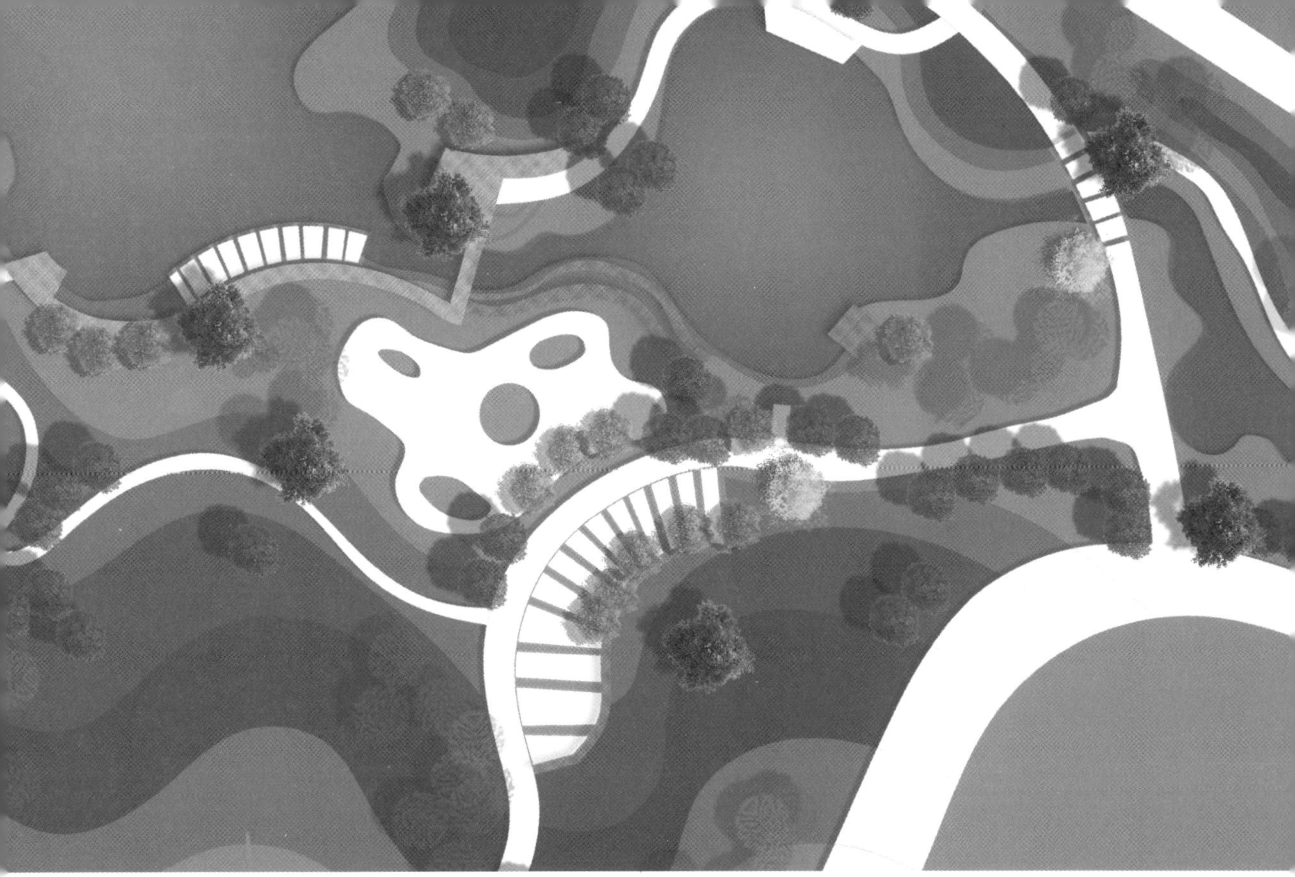

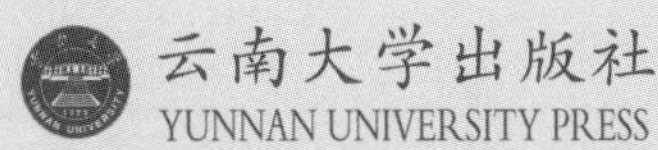

图书在版编目（CIP）数据

园林计算机辅助设计 / 苏志龙，许纬纬主编．-- 昆明 ：云南大学出版社，2022
ISBN 978-7-5482-4364-9

Ⅰ．①园… Ⅱ．①苏… ②许… Ⅲ．①园林设计－计算机辅助设计－高等学校－教材 Ⅳ．① TU986.2-39

中国版本图书馆 CIP 数据核字（2022）第 000971 号

策划编辑：段　然
责任编辑：石　可
装帧设计：昆明墨源图文设计有限公司

园林计算机辅助设计

YUANLIN JISUANJI FUZHU SHEJI

苏志龙　许纬纬　主编

出版发行：云南大学出版社
印　　装：昆明瑆煋印务有限公司
开　　本：787mm × 1092mm　1/16
印　　张：12.5
字　　数：310千字
版　　次：2022年2月第1版
印　　次：2022年2月第1次印刷
书　　号：ISBN 978-7-5482-4364-9
定　　价：48.00元

地　　址：云南省昆明市翠湖北路2号云南大学英华园内（650091）
电　　话：（0871）65031071/65033244
网　　址：http://www.ynup.com
E-mail：markt@ynup.com

若发现本书有印装质量问题，请与印厂联系调换，联系电话:0871- 64167045。

目　录

第一编　AutoCAD 2018 ………………………………………………………（1）
第 1 章　AutoCAD 2018 界面与基本操作 ……………………………………（1）
1.1　软件打开与关闭 ……………………………………………………（1）
1.2　AutoCAD 2018 界面介绍 ……………………………………………（2）
1.3　文件操作 ……………………………………………………………（6）
1.4　命令输入操作 ………………………………………………………（9）
第 2 章　绘制二维图形 ……………………………………………………（12）
2.1　绘图环境设置 ………………………………………………………（12）
2.2　辅助绘图工具 ………………………………………………………（13）
2.3　点的绘制 ……………………………………………………………（17）
2.4　直线类的绘制 ………………………………………………………（19）
2.5　圆类的绘制 …………………………………………………………（21）
2.6　多边形的绘制 ………………………………………………………（23）
2.7　高级图形绘制 ………………………………………………………（24）
第 3 章　编辑二维图形 ……………………………………………………（27）
3.1　选择对象 ……………………………………………………………（27）
3.2　对象删除 ……………………………………………………………（30）
3.3　复制类命令 …………………………………………………………（30）
3.4　改变位置类命令 ……………………………………………………（38）
3.5　改变形状类命令 ……………………………………………………（41）
3.6　高级编辑命令 ………………………………………………………（48）
第 4 章　图层设置 …………………………………………………………（53）
4.1　建立图层和重命名图层 ……………………………………………（53）

4.2 图层特性设置 …………………………………………………… (54)
4.3 图层状态操作 …………………………………………………… (55)
4.4 转移图层内容 …………………………………………………… (57)
第5章 图案填充 …………………………………………………… (58)
5.1 图案填充作用 …………………………………………………… (58)
5.2 编辑图案填充 …………………………………………………… (63)
第6章 图 块 …………………………………………………… (64)
6.1 创建图块 …………………………………………………… (64)
6.2 插入图块 …………………………………………………… (67)
6.3 图块属性 …………………………………………………… (70)
6.4 分解图块 …………………………………………………… (72)
第7章 文字与表格 …………………………………………………… (73)
7.1 文 字 …………………………………………………… (73)
7.2 表 格 …………………………………………………… (76)
第8章 尺寸标注 …………………………………………………… (79)
8.1 尺寸标注的组成和类型 …………………………………………………… (79)
8.2 尺寸标注样式 …………………………………………………… (80)
8.3 尺寸标注命令 …………………………………………………… (86)
8.4 测 量 …………………………………………………… (91)
第9章 图形打印输出 …………………………………………………… (92)
9.1 模型空间与布局空间 …………………………………………………… (92)
9.2 打印输出 …………………………………………………… (94)

第二编 Photoshop CC 2018 …………………………………………………… (96)
第10章 Photoshop CC 2018 界面与基本操作 …………………………………………………… (96)
10.1 Photoshop CC 2018 软件简介 …………………………………………………… (96)
10.2 Photoshop CC 2018 的启动与退出 …………………………………………………… (96)
10.3 Photoshop CC 2018 软件界面认识 …………………………………………………… (96)

10.4　Photoshop CC 2018 文件的基本操作与辅助工具介绍 ……… (101)

第 11 章　常用工具应用 ……… (108)

11.1　选择类工具的种类及使用 ……… (108)

11.2　编辑选区 ……… (113)

第 12 章　形状与路径 ……… (117)

12.1　形状工具 ……… (117)

12.2　路径工具 ……… (118)

12.3　路径编辑 ……… (123)

第 13 章　图像的绘制与修饰类工具使用 ……… (126)

13.1　绘图工具 ……… (126)

13.2　修饰类工具 ……… (138)

第 14 章　控制类面板工具的应用 ……… (144)

14.1　图层控制面板 ……… (144)

14.2　通道与蒙版 ……… (159)

第 15 章　滤　镜 ……… (170)

15.1　滤镜概述 ……… (170)

15.2　部分内置滤镜的应用 ……… (172)

第 16 章　综合实践 ……… (183)

16.1　案例 1：园林小庭院彩色平面图制作 ……… (183)

16.2　案例 2：园林小公园彩色平面图制作 ……… (185)

16.3　案例 3：园林小庭院节点彩色效果图制作 ……… (187)

16.4　案例 4：园林小公园节点彩色效果图制作 ……… (189)

16.5　案例 5：园林分析图的制作 ……… (190)

第一编　AutoCAD 2018

第 1 章　AutoCAD 2018 界面与基本操作

1.1　软件打开与关闭

1.1.1　打开 AutoCAD 2018

打开 AutoCAD 2018 有 3 种方式。

●AutoCAD 2018 简体中文版安装完毕后，可以在桌面上看到图标，双击它即可打开。

●用右键点击图标，在弹出的菜单中选"打开"即可。

●用左键单击"开始"→"所有程序"→"Autodesk"→"AutoCAD 2018 – 简体中文（Simplified Chinese)"后，单击图标，即可打开。

打开后的界面如图 1 –1 所示：

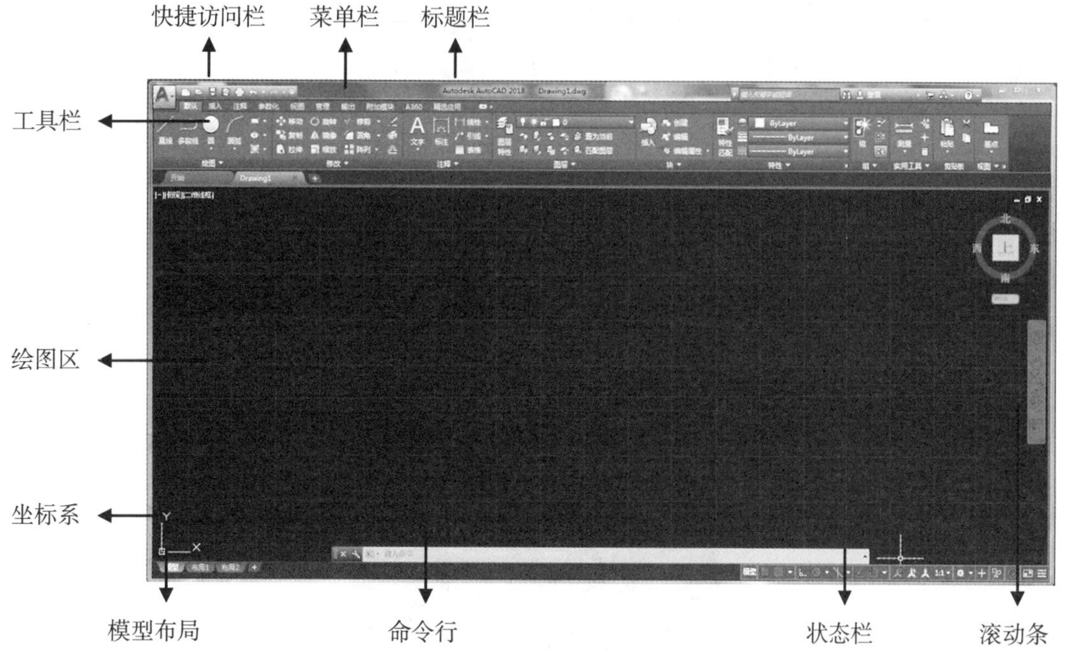

图 1 –1　AutoCAD 2018"草图与注释"工作界面

1.1.2 关闭 AutoCAD 2018

关闭软件，有 4 种方式。

● 单击界面右上角的“×”。

● 单击菜单栏左上角图标A·，单击退出 Autodesk AutoCAD 2018。

● 用右键单击任务栏的图标 Autodesk AutoC...，在弹出的选项中选择 关闭窗口。

● 利用组合键“Alt + F4”，要求 AutoCAD 2018 为当前活动窗口。

如果在界面有任何操作，会弹出如图 1－2 所示的图标。

图 1－2　退出软件提示

①“是（Y）”表示保存操作，然后关闭软件；
②“否（N）”表示不保存操作，然后关闭软件；
③“取消”表示取消关闭软件。

1.2 AutoCAD 2018 界面介绍

在软件打开默认状态下，界面显示的工作空间类型为“草图与注释”模式，如图 1－3 所示。AutoCAD 2018 有 3 种工作空间类型：“草图与注释”“三维基础”和“三维建模”，在使用时可随时切换，单击界面右下角的 即可选择。

工作界面主要分为以下几部分：菜单栏、标题栏、功能选项卡、绘图区、滚动条、模型布局选项卡、命令行、状态栏、坐标系、软件名称及版本号、文件名等。

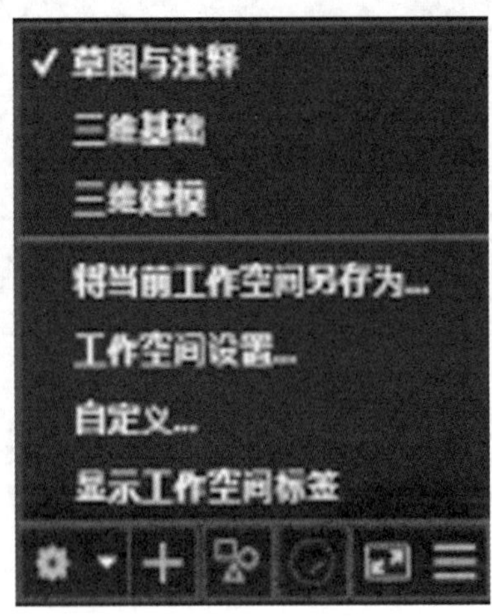

图 1－3　切换工作空间

1.2.1　标题栏

第一次启动 AutoCAD 2018 时，会自动创建一个名为 Drawing1. dwg 的文件。在标题栏显示：Autodesk AutoCAD 2018 Drawing1. dwg；如果已经使用过 AutoCAD 2018，则之后启动时会出现“开始”选项卡，如图 1 －4 所示。

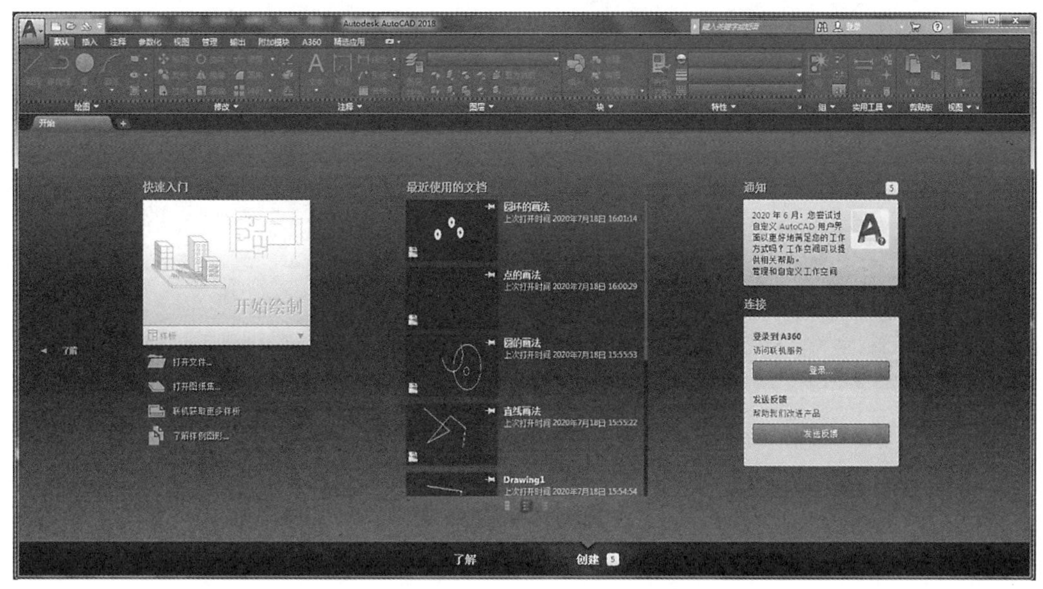

图 1 －4　使用过 AutoCAD 2018 的软件界面

1.2.2　菜单栏

菜单栏位于标题栏下方，如图 1 －5 所示。AutoCAD 2018 菜单栏为下拉式的，在菜单中包含子菜单，当在命令行设置变量 MENUBAR 值为 1 时（默认为 0），即可打开菜单栏。

图 1 －5　菜单栏

使用菜单栏时，用左键单击菜单栏选项，打开下拉菜单，将光标移动至需要启动的命令上，再单击鼠标左键即可启动。菜单栏涵盖 CAD 几乎所有的绘图工具和设置选项，包括“文件”“编辑”“视图”“插入”“格式”“工具”“绘图”“标注”“修改”等 12 个主菜单。

1.2.3　工具栏

工具栏位于菜单栏下方，是一组图标工具的集合，如图 1 －6 所示。将光标放到工具栏处可显示该工具的名称以及相应说明，用左键单击该图标，即可执行命令。

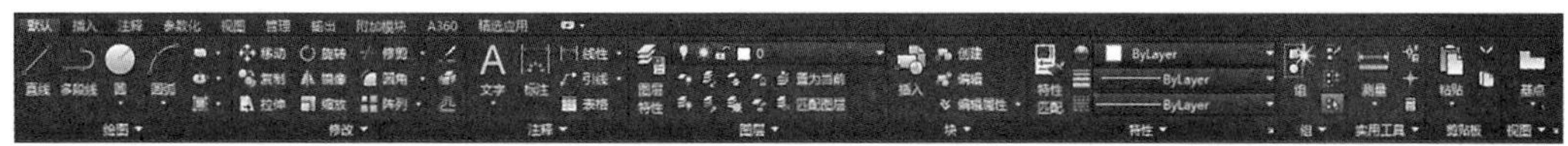

图 1 －6　工具栏

“调整工具栏”：用右键点击工具栏空白处，可选择所需工具栏，如图 1－7 所示。带有勾号的表示呈选择状态，不带勾的则表示未选择。

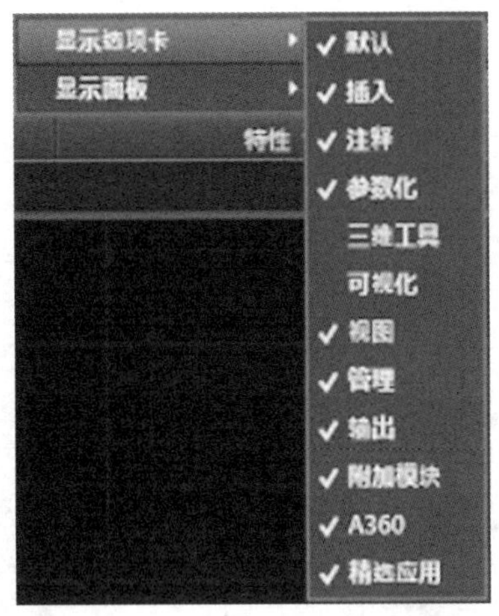

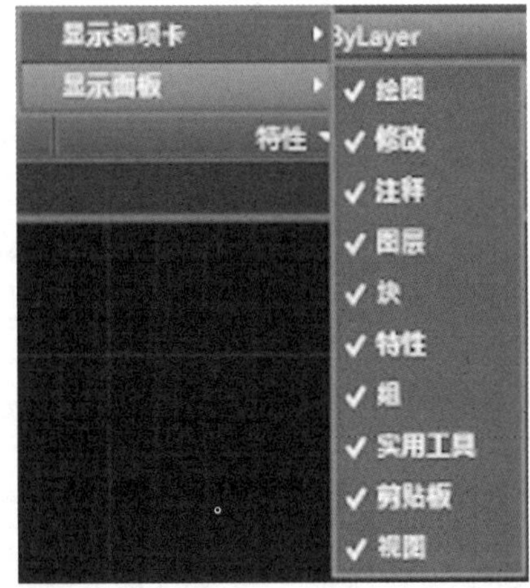

图 1－7　工具栏选项

1.2.4　绘图区

AutoCAD 2018 绘图区在标题栏下方的大片区域，默认打开呈蓝黑色。绘图区主要是供用户绘制、编辑图形使用的，绘图区可以无限放大或缩小，屏幕上显示的图形可能是全部也可能是一部分，用户可以通过缩放、平移等命令控制图形的显示。

“十字光标”绘图区的鼠标呈“十字光标”形态，如图 1－8 所示，它由十字线和拾取框两个部分构成，光标长度默认为屏幕长度的 5%，用户在绘图时可根据需求和习惯调整其大小。

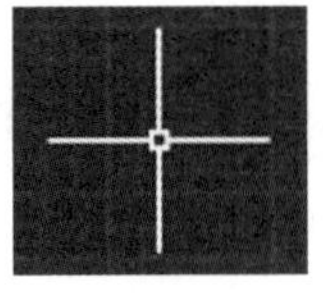

图 1－8　十字光标图

“改变光标长度”有 2 种方法。

①“菜单栏”→“工具”→“选项”→“显示”→“十字光标”大小，如图 1－9 所示；

②输入命令“OP”，回车，调出选项卡，点击“显示”标签，在右下侧选“十字光标大小”，拖动右侧滑块设置或在左侧框内填写光标大小的数字。

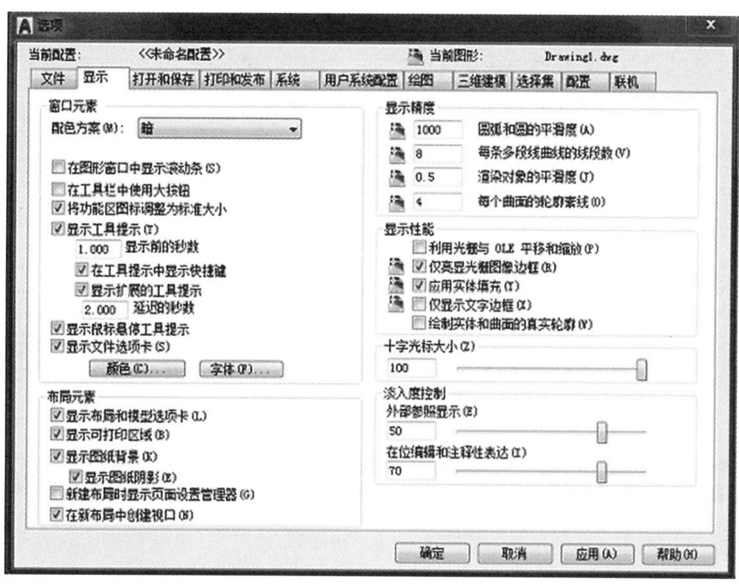

图 1-9　调整十字光标大小

在“背景颜色”默认情况下，绘图区为蓝黑色，可以通过以下 2 种方式调整颜色。

●“菜单栏”→“工具”→“选项”→“显示”→“颜色”→“图形窗口颜色”，在颜色栏即可选择，如图 1-10 所示。

●输入命令“OP”，回车，调出选项卡，点击“显示”标签，在左侧选择“颜色”，弹出“图形颜色窗口”即可修改。

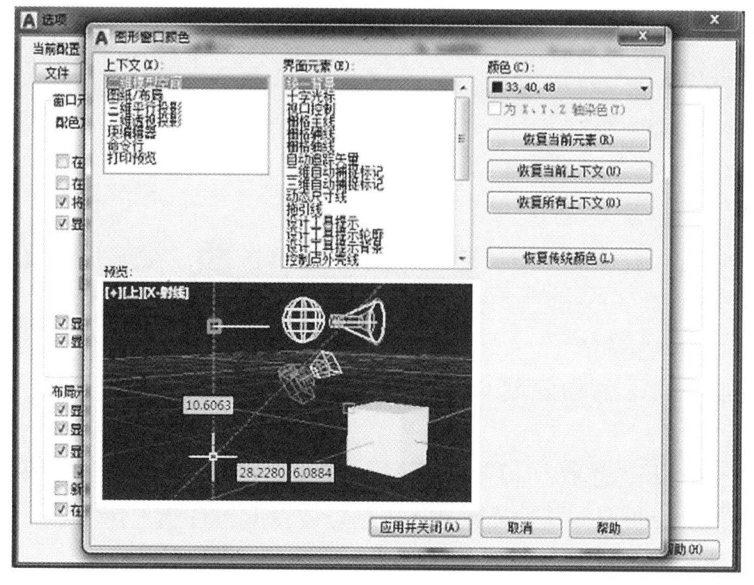

图 1-10　调整绘图区背景颜色

“坐标系”在 AutoCAD 2018 绘图区左下角，表示此时正在使用的坐标系，如图 1-1 所示。

1.2.5　命令行

命令行位于绘图区下方，是 AutoCAD 2018 与用户进行交互最直观的平台，可用于显示当前操作命令以及提示用户可能的操作步骤。对初入门者来说，应随时关注命令行的操作提示，如图 1 – 1 所示。

注意：按 F2 键可以打开 AutoCAD 2018 文本窗口，它对于查询命令的详细信息是非常有用的。

1.2.6　状态栏

状态栏位于 AutoCAD 2018 界面最底部，如图 1 – 11 所示。状态栏左侧为“模型”“布局”选项卡，右侧有“栅格”“正交”“极轴追踪”“对象捕捉”“对象捕捉追踪”“动态输入”等功能，单击这些按钮，可实现其功能的打开和关闭。

图 1 – 11　状态栏

1.2.7　布局模型

AutoCAD 2018 默认绘图区左下有“模型”“布局 1”“布局 2”3 个标签，可以在模型空间与布局空间之间切换，如图 1 – 1 所示。通常绘图在模型空间中进行，它相当于设计师的设计场地；每一个布局相当于其中的一张图纸，因此可以有多个图纸的布局，布局空间主要用于图形的输出、打印。

1.2.8　滚动条

在 AutoCAD 2018 的绘图区右侧及下方，提供了可以滑动的滚动条，用于呈现图形的不同部位，如图 1 – 1 所示。

1.3　文件操作

对文件的操作包括：新建、打开、保存、另存为、输出、关闭。

1.3.1　新建文件

“新建文件”操作方式主要有以下 4 种。

●菜单栏：单击“文件”→“新建”命令或单击，在下拉列表选择“新建”命令。

●命令行：输入“NEW”。

●快捷访问栏：单击按钮即可新建文件，如图 1 – 1 所示。

●快捷键：“Ctrl + N”。

通过以上方式打开“选择样板”对话框，如图 1 – 12 所示。可选择默认样板，点击“打开”按钮即可。也可选择其他样板样式，选好后点击“打开”按钮。

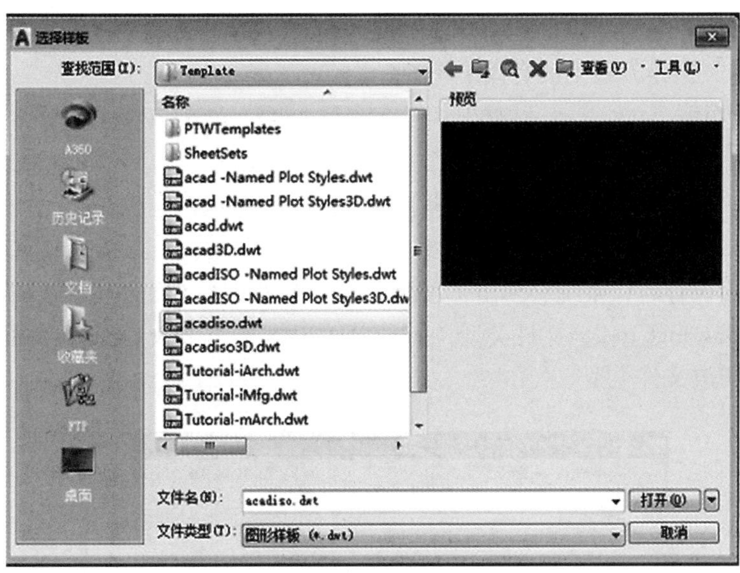

图 1－12　选择样板

1.3.2　打开文件

“打开文件”操作方式主要有以下 4 种。

●菜单栏：单击“文件”→“打开”命令或者单击，在下拉列表选择“打开”命令。

●命令行：输入“OPEN”。

●工具栏：在快捷访问栏中单击按钮即可弹出“打开”对话框，如图 1－1 所示。

●快捷键：“Ctrl＋O”。

执行以上命令后，打开“选择文件”对话框，如图 1－13 所示，选择需要打开的文件即可；“文件类型”下拉列表中可以选择 . dwg 文件、. dwt 文件、. dxf 文件、. dws 文件。

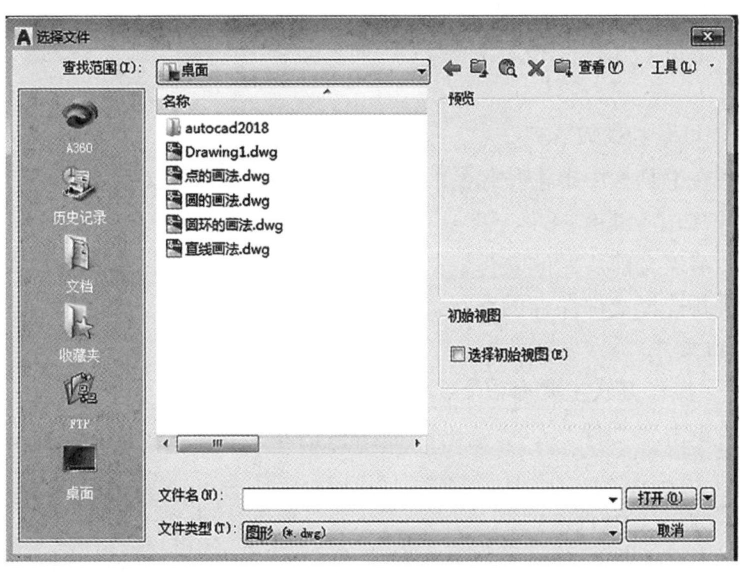

图 1－13　打开文件

1.3.3 保存文件

“保存文件”操作方式主要有以下 4 种。

●菜单栏：单击“文件”→“保存”命令或者单击A，在下拉列表中选择“保存”命令。

●命令行：输入“SAVE”。

●工具栏：在快捷访问栏中单击按钮即可保存，如图 1－1 所示。

●快捷键：“Ctrl + S”。

在文件首次保存时，系统会弹出“图形另存为”对话框，如图 1－14 所示。系统默认的文件名为：Drawingl. dwg，文件类型：AutoCAD 2018（ *. dwg）保存。用户可以对文件重新命名或者更改文件类型。

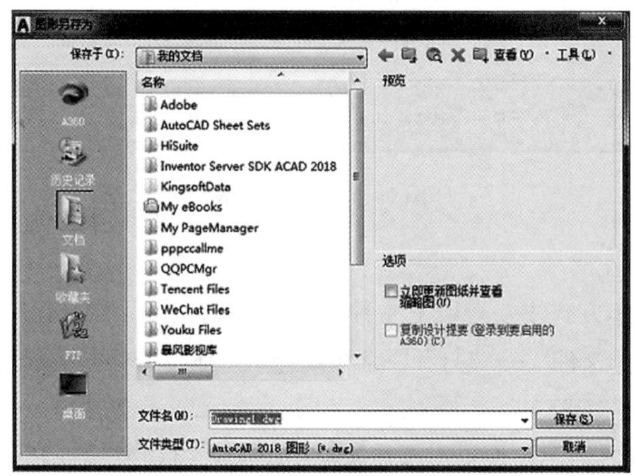

图 1－14 “图形另存为”对话框

1.3.4 文件另存为

“文件另存为”操作方式主要有以下 4 种。

●菜单栏：单击“文件”→“另存为”命令或者单击A，在下拉列表中选择“另存为”命令。

●命令行：输入“SAVEAS”。

●工具栏：在工具栏中单击按钮，即可弹出“另存为”对话框。

●快捷键：“Ctrl + Shift + S”。

保存文件会覆盖之前所做的文件，如果不想覆盖之前的文件，可选择“另存为”重新建立文件，并重新选择文件保存的路径。

1.3.5 输出文件

“输出文件”操作方式主要有以下 2 种。

●菜单栏：单击“文件”→“输出”命令或者单击A，在下拉列表中选择“输出”命令。

●命令行：输入“EXPORT”。

执行以上命令后，弹出“输入数据”对话框，输入文件名，选择文件类型即可，并可以重新选择文件保存的路径，如图 1－15 所示。

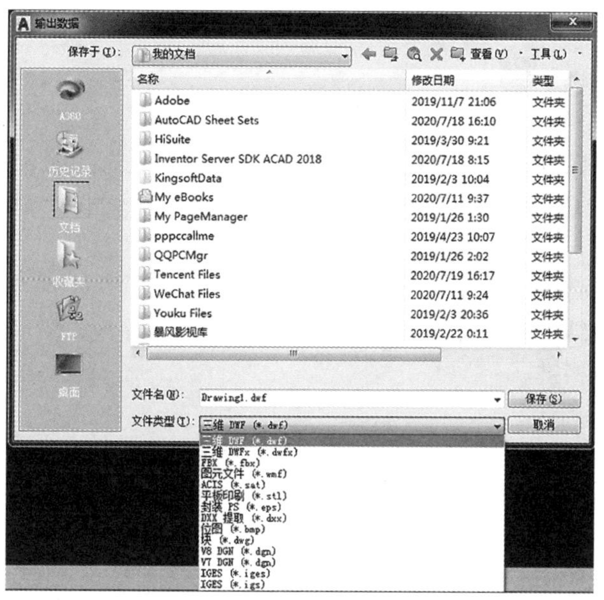

图 1－15　“输出数据”对话框

1.3.6　关闭文件

“关闭文件”操作方式主要有以下 4 种。

●菜单栏：单击“文件”→“关闭”命令或者单击，在下拉列表中选择“关闭”命令。

●命令行：输入“QUIT”。

●按钮：单击绘图区右上角的按钮 X。

●快捷键：“Ctrl + Q”。

上述命令均可执行关闭文件操作。但当文件未保存时，系统将会弹出一个对话框，询问是否保存文件，如图 1－16 所示。单击“是（Y）”，保存文件并关闭；单击“否（N）”，关闭但不保存文件；单击“取消”，既不保存也不关闭。

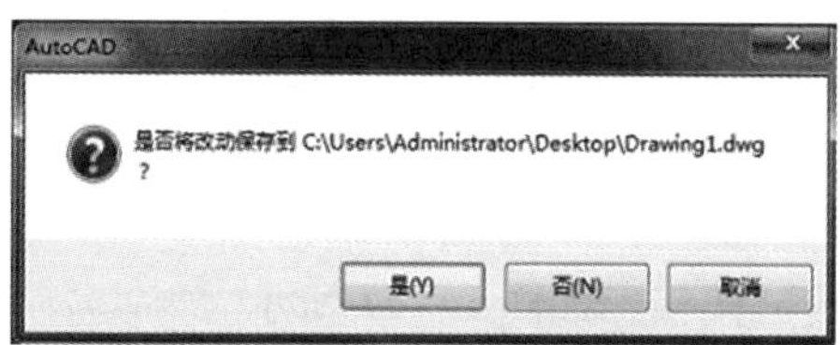

图 1－16　关闭文件

1.4　命令输入操作

1.4.1　命令的启动与结束

（1）启动命令

要执行某个命令，通常有以下几种方法：菜单栏选项卡、工具栏按钮和输入命令。

实例演示：启动“直线”命令

●菜单栏：单击“绘图”→“直线”。

●工具栏：点击图标▱。

●命令行：输入“L”或“Line”。

命令行的字母不区分大小写。在命令行输入命令时，只需要输入命令缩写即可。如 A（Arc）、C（Circle）、PL（Pline）、M（More）、CO/CP（Copy）、E（Erase）、S（Stretch）、MI（Mirror）等。

（2）结束命令

命令执行完毕欲结束时，有以下 3 种方式。

●敲回车键或空格键。

●鼠标右键→“确认”。

●按 ESC 键。

1.4.2　命令的重复、撤销、重做

（1）重复命令

“重复”命令启动有以下 2 种方式。

●如果刚刚使用过某个命令，可以在绘图区点击右键，会出现“重复某个命令”或“最近的输入”选项，重复某个命令表示可以直接执行刚刚结束的某个命令，最近的输入可以进行选择。

●在命令行敲“回车键”/“空格键”，可立即调用上一个命令，无论上一个命令是已经完成或是被取消。

（2）命令撤销

在执行命令时可以随时取消和终止命令，有以下 5 种方法。

●菜单栏：单击“编辑”→“放弃”。

●命令行：输入“U”或“UNDO”。

●工具栏：单击“放弃”按钮，如图 1－17 所示。

●快捷键：“Ctrl＋Z”。

●快捷方式：在绘图区单击右键选“放弃”。

（3）命令重做

被撤销的命令可以恢复重做，有以下 4 种执行方法。

●菜单栏：“编辑→重做”。

●命令行：输入“REDO”。

●工具栏：单击“重做”按钮，如图 1－17 所示。

●快捷键：“Ctrl＋Y”。

命令的撤销与重做一次可以执行多步，单击撤销或重做按钮边的箭头可以列出多个操作步骤，点击选择即可。

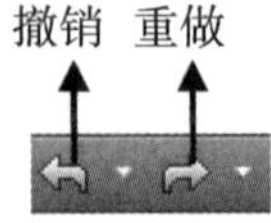

图 1－17　撤销与重做

1.4.3　图形显示操作

对图形的显示操作可以利用缩放和平移，在绘图区可以放大或缩小图形显示效果，也可以改变显示位置。

图形缩放有以下 4 种方法。

●鼠标滚轮缩放：

MBUTTONPAN 为系统变量，可定义鼠标滚轮，当 MBUTTONPAN 值为 1 时，可滚动鼠标滚轮进行缩放操作，按住滚轮并拖动可以平移图形；当 MBUTTONPAN 值为 0 时，按住滚轮会弹出一个快捷菜单。

在用鼠标滚轮放大缩小图形时，仅改变显示效果并不改变图形实际大小。

●菜单栏：单击“视图”→“缩放”命令，选择相应参数即可。

●命令行：输入“Z”或“ZOOM”。

输入该命令后，命令行会出现一系列参数供选择，其中：

参数“全部 A”是将整个图形进行显示，即使图形不在边界以内。

参数“窗口 W”是指定一个矩形窗口，该窗口内的图形将被放大或缩小。

参数“范围 E”是显示图形范围并使所有对象最大化显示，其效果与双击鼠标滚轮一致。

参数“对象 O”是尽可能大地显示一个或多个选中的对象并使其处于视图中心。

●在绘图区单击鼠标右键，选择“缩放”。

1.4.4　图形平移操作

要显示图形不同部位，可利用平移视图命令，其方法有以下 4 种。

●菜单栏：单击“视图”→“平移”命令。

●命令行：输入“P”或“PAN”，输入此命令，光标将变成手形。

●鼠标滚轮：按住鼠标滚轮并拖动，此种方式最常用。

●在绘图区单击鼠标右键，选择“平移”。

1.4.5　重生成图形

在绘图过程中，可能会出现精度不够的情况，比如圆形的物体变成多边形，或在图形缩放过程中，出现已无法进一步缩小或放大的情况，此时可执行重生成命令来刷新视图。

方法有以下 2 种。

●菜单栏：单击“视图”→“重生成”命令或“全部重生成”命令。

●命令行：输入“RE”/“REGEN”/“REA”/“REGENALL”。

第2章　绘制二维图形

2.1　绘图环境设置

2.1.1　图形单位设置

通常可采用默认的单位，也可根据需要进行设置。有2种方式可进行图形单位设置。

●菜单栏：单击“格式”→“单位”命令。

●命令行：输入“UN”/“UNITS”/“DDUNITS”。

执行上述命令后，打开“图形单位”对话框，如图2-1所示，可设置单位和角度。

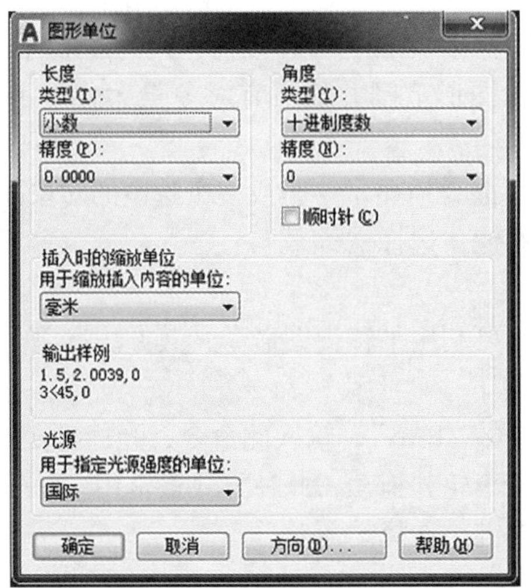

图2-1　“图形单位”对话框

“图形单位”选项说明如下。

“长度”与“角度”：设定测量的长度与角度的单位和精度。

“插入时的缩放单位”：控制使用工具选项板拖入当前图形及块的测量单位。

“输出样例”：显示用当前单位和角度设置的例子。

“光源”：控制当前图形中光度控制光源的强度测量单位。

“方向”：单击“方向”按钮，显示如图2-2所示的“方向控制”对话框，可对基准角度的方向进行控制设置。

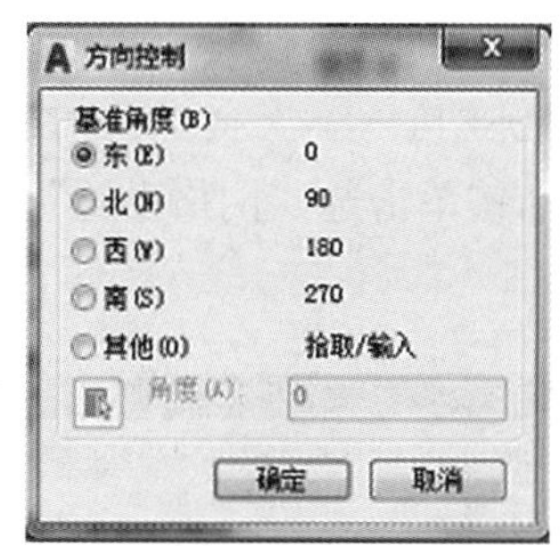

图 2－2　“方向控制”对话框

2.1.2　图形边界设置

为便于准确地绘制和输出图形，避免绘制的图形超出某个范围，可使用绘图界限功能，有 2 种操作方式。

●菜单栏：单击“格式”→“图形界限”命令。

●命令行：输入“LIMITS”。

执行命令后，命令行显示：LIMITS 指定左下角点或 [开(ON) 关(OFF)] <0.0000,0.0000>:

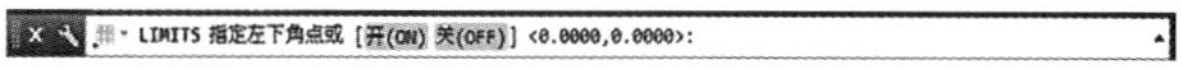

“图形边界”选项说明如下。

“开（ON）”：绘图界限有效。

“关（OFF）”：绘图界限无效。

实例练习：设置图形边界，设置横向 A2 图幅。

①命令行输入命令：“LIMITS”。

②重新设置绘图界限：指定左下角点或［开（ON）/关（OFF）］< 0.0000, 0.0000 >,指定右上角点 <594. 0000，420.0000 >：594，420。

2.2　辅助绘图工具

绘制图形时，有时要借助一些辅助工具，如图 2－3 所示，以提高绘图的准确度与制图效率。下面介绍几个比较常用的辅助工具。

模型

图 2－3　常见辅助绘图工具

2.2.1　栅格显示

“栅格”可以用于定位参照、对齐的工具，相当于手工制图中的坐标纸，由相等间距的点组成。用户可以利用栅格点数确定距离，提高绘图的精确度。栅格在绘图区是可见的，它能起到辅助功能，但并不是图形对象。因此，打印的时候不会被显示。栅格可以显示和隐藏，默认为显示，其间距、大小与样式可以自行设置。

①显示/隐藏栅格执行方式有 2 种方法。

●快捷键：F7，可以切换显、隐状态。

●状态栏：单击状态栏“显示图形栅格”按钮。

②设置栅格间距，可执行以下操作。

●菜单栏："工具"→"绘图设置"→"捕捉和栅格"。

●命令行：输入"DS"或"DSETTINGS"或"SE/DDRMODES"。

●状态栏：在栅格按钮上用右键单击选"网格设置"，可弹出如图2-4所示的对话框进行设置。

图2-4 "草图设置"对话框

注意：当栅格间距设置过小，打开栅格时，AutoCAD会在文本窗口中显示"栅格太密、无法显示"；或使用缩放功能将图形缩至很小时，也会出现同样提示。

2.2.2 捕捉功能

"捕捉"（非对象捕捉）功能的使用需要在栅格打开的状态下进行。当捕捉功能打开时，光标只能在栅格的交叉点上停留。

①打开/关闭"捕捉"操作方式如下：

●快捷键：F9连续按动，可以在开与关之间切换。

●状态栏：单击状态栏上的"捕捉模式"开关按钮。

②设置"捕捉"类型的选项操作方式如下。

●用户可指定"捕捉"模式在X轴方向和Y轴方向上的间距。

●捕捉可分为"栅格捕捉"和"极轴捕捉"；栅格捕捉又有"矩形捕捉"（默认设置）和"等轴测捕捉"。选择栅格捕捉时，光标只能在栅格线上，等轴测捕捉常用于绘制轴测图，两种样式的区别在于排列方式不同。

2.2.3 正交模式

用"正交模式"绘图时，光标只能沿X轴或者沿Y轴移动，可快速准确地绘制出水平/垂直线条，绘制出的线条相互垂直成90℃相交。

"正交模式"打开/关闭可以如下操作：

①快捷键：F8，切换开、关状态。

②状态栏：单击状态栏"正交限制"开关按钮。

2.2.4 极轴追踪

使用极轴追踪时，光标将沿一条与X轴形成一定夹角的路径进行移动，可以精确绘制与水平线成某一角度的直线。极轴追踪主要设置追踪的增量角，以及与之相关的捕捉模式。打开/关闭"极轴追踪"的方法如下。

①快捷键：F10，切换开、关状态。

②状态栏：单击状态栏“极轴追踪”开关按钮。

在命令行输入“SE”/“DSETT1NGS”，打开“草图设置”，点击“极轴追踪”，如图 2-5 所示，可选择下拉选项的增量角的角度，极轴追踪时的角度为增量角的整数倍。附加角用于设置极轴追踪时是否采用附加角度追踪，并可进行增加/删除操作。

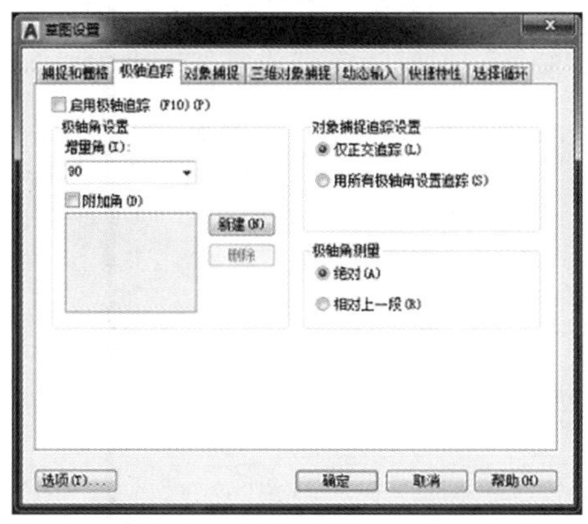

图 2-5　“极轴追踪”对话框

增量角为 45°时，作直线的极轴追踪，如图 2-6 所示。

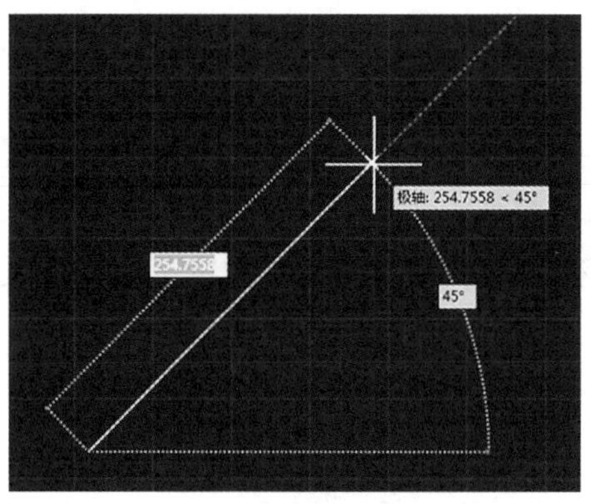

图 2-6　增量角为 45°的极轴追踪

2.2.5　对象捕捉

对象捕捉指在绘图过程中，通过光标精准捕捉到图形的特征点，如端点、中点、圆心、交点、垂足等捕捉点，能够准确、高效绘图。

①打开/关闭“对象捕捉”操作方式如下：

●快捷键：F3，切换开、关状态。

●状态栏：单击状态栏“对象捕捉”开关按钮。

②设置“对象捕捉”类型操作方式如下：

●命令行：输入“SE”/“DSETTINGS”，在“草图设置”对话框中，选择“对象捕捉”，如图 2-7 所示。凡勾选的选项，在绘图时将会捕捉，未勾选的则不会捕捉，可根据绘图需要进行选择勾选。

●状态栏：点击状态栏“对象捕捉”开关按钮边的倒三角，出现如图2－8所示的选项卡，可直接选择需要捕捉的点。也可点击最下面的“对象捕捉设置”按钮，进行更详细的设置。

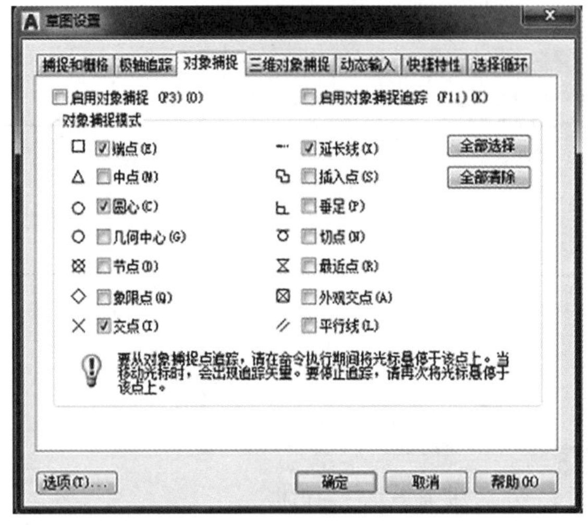

图2－7 “对象捕捉”对话框

图2－8 “对象捕捉”选项卡

注意：

●对象捕捉不能单独使用，必须配合绘图或编辑命令一起使用，只有在提示输入点时，对象捕捉才会生效。

●在绘图过程中，如需使用“临时捕捉”，可按Shift键，点击鼠标右键，在弹出的选项卡中选择即可，如图2－9所示。

●对象捕捉只捕捉屏幕上可见的对象，不能捕捉不可见、关闭或冻结图层上的对象或虚线的空白部分。

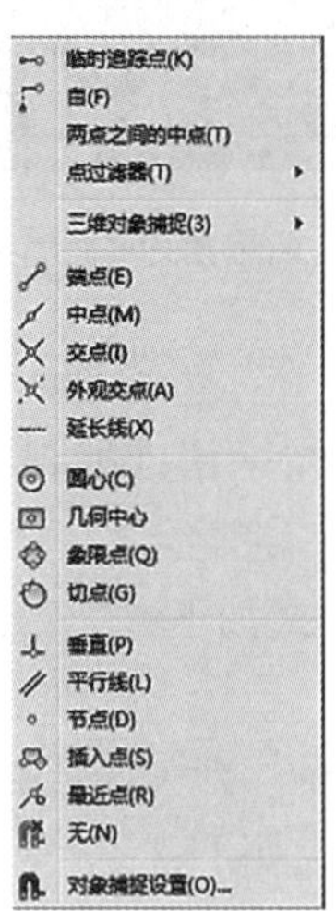

图2－9 “临时捕捉”选项卡

2.2.6 对象捕捉追踪

使用对象捕捉追踪，可以沿着基于对象捕捉点的对齐路径进行追踪。

①打开/关闭“对象捕捉追踪”操作方式如下：

●快捷键：F11，切换开、关状态。

●状态栏：单击状态栏“对象捕捉追踪”开关按钮。

②设置“对象捕捉追踪”：

在命令行输入“SE”/“DSETTINGS”，在“草图设置”对话框中，选择“启用对象捕捉追踪”，如图2-7所示。选择“仅正交追踪”时，只能在“水平”或者“垂直”方向上显示追踪数据；选择“用所有极轴角设置追踪”，则可以在任意的极轴角度上追踪。

2.2.7 动态输入

“动态输入”是指在光标附近显示标注输入、动态提示等信息，帮助用户提高绘图效率。

①打开/关闭“动态输入”操作方式如下。

快捷键：F12，切换开、关状态。

状态栏：单击状态栏“动态输入”按钮。

②设置动态输入：

在命令行输入“SE”/“DSETTINGS”，在“草图设置”对话框中，选择“动态输入”，弹出如图2-10所示对话框，可设置“启用指针输入”“可能时启用标注输入”等，如图2-11所示。

图2-10 “动态输入”对话框

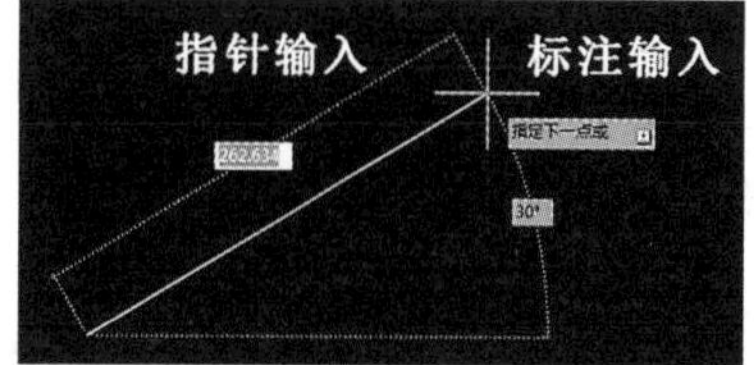

图2-11 启用指针输入、标注输入图示

2.3 点的绘制

在AutoCAD中，系统默认的点是没有大小和长短之分的图形，始终为一个小黑点，但可以对点的样式及大小进行设置，这样创建出来的点才有相应的样式和大小。它具有与直线、矩形一样的各种属性，在绘图中常用来定位，作为捕捉对象的节点和相对偏移，主要是为了辅助图形的绘制工作。

2.3.1 设定点的样式和大小

设定点样式和大小的命令的方法有以下3种。

●菜单栏：单击“格式”菜单下的“点样式”命令。

●功能区：单击“格式”工具栏中的“点样式”，弹出“点样式”对话框即可选择所需的点样式。

●命令行：输入“PTY”或“PTYPE”，弹出“点样式”对话框即可选择所需的点样式。

实例演示：设置点样式

①在命令行输入“PTY”，空格后弹出“点样式”对话框，如图 2－12 所示。

②在对话框里选择某一类型的点样式。

③选择“按绝对单位设置大小”，在“点大小”数值栏内输入数字 1，如图 2－13 所示，完成后点击“确定”。

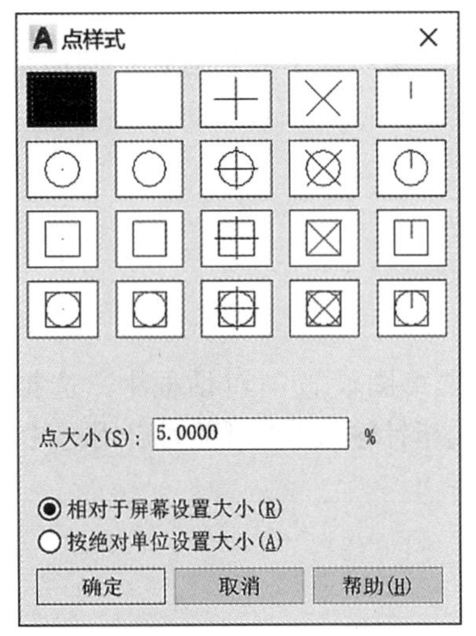

图 2－12　“点样式”对话框

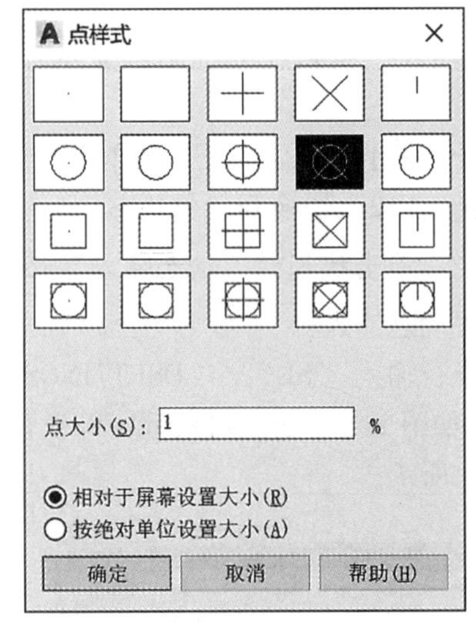

图 2－13　完成点样式设置

2.3.2　绘制点

“绘制点”命令的方法有以下 4 种。

●菜单栏：单击“绘图”工具栏中的“点”，再选择“单点”命令或“多点”命令。

●功能区：单击“默认”选项卡中的“点”按钮。

●命令行：输入“PO”或者“POINT”。

●工具栏：单击“工具栏”上的“点”按钮。

实例演示：点的绘制

①单击“绘图”工具栏中的“直线”命令或在命令行内输入“L”，绘制一段直线，如图 2－14 所示。

图 2－14　绘制对象

②在命令行中输入“PO”/“POINT”，移动光标至线段上一点，单击鼠标完成点绘制，如图 2－15 所示。

图 2-15　完成绘制

2.3.3　定数等分对象

“定数等分”可以将对象沿长度或周长等间隔分成几段，被等分的对象可以是直线、多段线、圆弧、圆、椭圆或样条曲线等。

命令启动方式主要有以下 3 种。

●菜单栏：单击“绘图”工具栏中的“点”，再选择“定数等分”命令。

●功能区：单击“功能区”选项卡上的“定数等分”按钮。

●命令行：输入“DIV”或“DIVIDE”。

实例演示：定数等分

①单击“绘图”工具栏中的“直线”命令或在命令行内输入“L”，绘制一段直线。

②单击“绘图”工具栏中的“点”，再选择“定数等分”，选中图中的线段。

③在命令行中输入线段数目 5，按空格确定完成等分，如图 2-16 所示。

图 2-16　线段等分为 5 段

2.3.4　定距等分对象

“定距等分”可将所选对象等分为指定距离相等长度。

设置方式主要有以下 3 种。

●菜单栏：单击“绘图”工具栏中的“点”，再选择“定距等分”命令。

●功能区：单击“功能区”选项卡上的“定距等分”按钮。

●命令行：输入“ME”或“MEASURE”。

实例演示：定距等分

①单击“绘图”工具栏中的“直线”命令或在命令行内输入“L”，绘制一段直线。

②单击“绘图”工具栏中的“点”，再选择“定距等分”，选中图中的直线。

③在命令行中输入等分线段长度，此处输入 200，按空格确定完成等分，如图 2-17 所示。

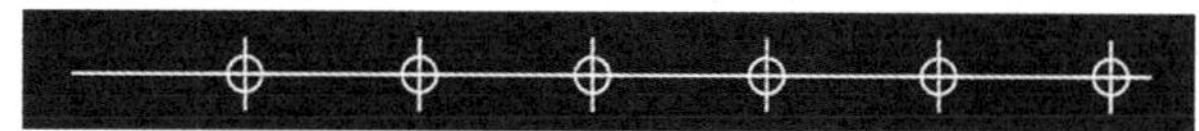

图 2-17　直线以 200 为长度等分

注意：在 AutoCAD 中，如果一段直线无法整除等分，则最后一段不能等分。定数等分与定距等分插入的可以是点，也可以是图块。

2.4　直线类的绘制

2.4.1　绘制直线

“直线”命令可连续绘制多条线段但每一条线段都是一个独立的对象，即可对任何一条线段单独编辑。

启动命令的方式主要有以下 4 种。

●菜单栏：单击“绘图”工具栏中的“直线”。

●命令行：输入“L”/“LINE”。

●工具栏：单击“工具栏”上的“直线”按钮。

●功能区：单击“默认”选项卡中的“直线”图标。

以绘制直线为例，解释命令输入方式应注意的问题。在命令行输入命令时，命令字符不区分大小写。输入命令执行后，在命令行会出现参数选项，必要时可选择适当的参数，输入直线命令“L”后，回车提示如图 2－18 所示：

LINE 指定第一个点：

图 2－18　绘制直线起点提示

需要在屏幕上指定起点时，可采用输入坐标或鼠标指定的方式。如果直接按 Enter 键或空格键，直线起点将是上一次创建的直线、多段线或圆弧的端点，如此前未绘制过任何图形，则此方法无效，在实际绘图中用得不多。

当我们指定一点后，会出现“指定下一点或［放弃（U）］”的提示，如图 2－19 所示：

图 2－19　绘制直线下一点提示

注意：命令行中不带括号的提示为默认选项（如图 2－19 中的“指定下一点”），此时可以直接输入；中括号内的内容为可选项，如图 2－19 中的“放弃（U）”；小括号内的为快捷键。在命令选项后有时还带有尖括号，尖括号内的数值为默认数值。

使用其他方式绘制直线，在命令行可看到相应命令名及命令选项。

“直线”命令提示内容含义如下。

“放弃”：删除直线序列中最近创建的线段。

“闭合”：连接第一个和最后一个线段。

注意：当执行完一个命令后直接按回车或空格键，则会重复执行上次使用的命令，此方法适用于重复执行某个命令。在绘制直线的过程中，按住“Shift”键或按“F8”打开正交模式，可绘制水平或竖直线，可以达到精确控制图形的目的。

练习：绘制一条长度为 1 米的水平直线。

2.4.2　绘制射线

“射线”命令可以创建始于一点并无限延伸的射线，可以作为创建其他图形的参照。

启动绘制射线命令的方式主要有以下 3 种：

●菜单栏：单击“绘图”菜单栏中的“射线”命令。

●功能区；单击“默认”选项卡中的“射线”图标。

●命令行：输入“RAY”。

2.5　圆类的绘制

2.5.1　绘制圆和圆弧

(1) 绘制圆

“圆”是从中心（圆心）到弧形曲线的所有距离都相等的特殊闭合弧形对象，该对象有圆心、半径和直径等参数。

启动“圆”命令的操作方式主要有以下 4 种。

●菜单栏：单击“绘图”菜单栏中的“圆”，在下拉菜单中选择绘圆的方式，再执行相应命令即可，如图 2-20 所示。

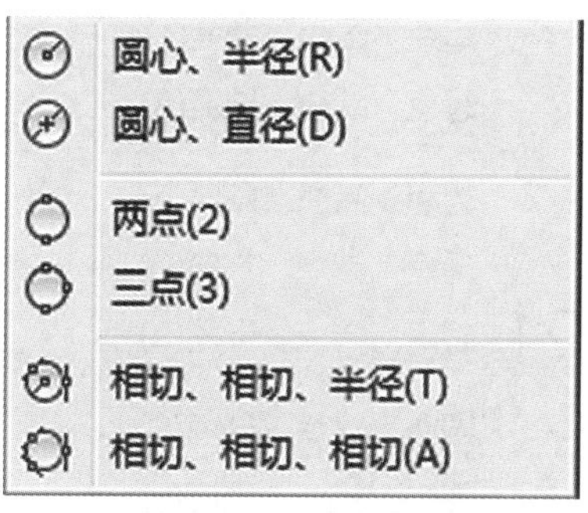

图 2-20　圆下拉菜单

●功能区：单击“默认”选项卡中的“圆”按钮。

●命令行：输入“C”或“CIRCLE”。

●工具栏：单击“绘图”工具栏中的“圆”按钮。

练习：绘制一直径为 5 米的圆形花坛轮廓。

“圆”命令提示内容含义如图 2-21 所示。

CIRCLE 指定圆的圆心或 [三点(3P) 两点(2P) 切点、切点、半径(T)]:

图 2-21　“圆”命令提示内容

默认状态为“CIRCLE 指定圆的圆心”，在命令提示信息下，输入圆心所在位置及圆的半径或直径数值即可。

“三点”：以圆周上的三点创建圆。

“两点”：以直径的两个端点创建圆。

“相切、相切、相切”：创建相切于三个对象的圆。

“相切、相切、半径”：先指定两个相切对象，再给出半径的方法绘制圆。

注意：在绘制圆时，有时图形经过缩放后，圆边呈多边形显示，此时可在命令行输入“RE”命令，重新生成模型即可。

(2) 绘制圆弧

“圆弧”是圆的一部分，启动“圆弧”命令的操作方式主要有以下 4 种：

●菜单栏：单击“绘图”菜单栏中的“圆弧”，再选择下拉菜单中所需要的绘图方式，如图 2－22 所示。

●命令行：输入“A”或者“ARC”。

●功能区：单击“默认”选项卡中的“圆弧”图标。

●工具栏：单击“绘图”工具栏中的“圆弧”图标。

图 2－22　圆弧下拉菜单

圆弧的绘制 AutoCAD 提供了许多种方式，绘图时可根据具体情况进行选择，依据命令提示行依次输入即可。

(3) 绘制椭圆

椭圆与圆的差别在于其圆周上的点到中心的距离是变化的。椭圆由长度不同的两条轴确定其形状。椭圆弧的绘制方法与椭圆的绘制方法类似，并且启动的英文方式也相同，都是 Ellipse，但有独立的启动按钮。

启动椭圆弧的方法有以下 4 种。

●菜单栏：单击“绘图”菜单栏中的“椭圆”命令。

●功能区：单击“默认”选项卡中的“椭圆”按钮。

●命令行：输入“El”或者“Ellipse”。

●工具栏：单击“工具栏”上的“椭圆”按钮。

“圆弧”命令提示内容含义如下。

“轴端点”：定义椭圆轴的端点。

“中心点”：定义椭圆轴的中心点。

“半轴长度”：定义椭圆轴的半轴长度。

“圆弧”：绘制椭圆弧。

2.5.2　绘制圆环

“圆环”可看作是两个同心圆。包括填充环和实体填充圆，在园林工程图中圆柱需要绘制实体填充圆。

绘制“圆环”的方法有以下 3 种。

●菜单栏：单击“绘图”菜单栏中的“圆环”命令。

●功能区：单击“绘图”下拉菜单“圆环”按钮。

●命令行：输入“DO”或者“DONUT”。

“圆环”命令提示内容含义如下。

“内径”：指定圆环的内径。

“外径”：指定圆环的外径。

2.6　多边形的绘制

2.6.1　绘制矩形

尽管可以用直线绘制矩形，但 AutoCAD 提供了矩形命令，比用直线绘制方便快捷。矩形命令可创建矩形形状的闭合多段线。

启动“矩形”命令的方式主要有以下 4 种。

●菜单栏：单击“绘图”菜单栏中的“矩形”命令。

●功能区：单击“默认”选项卡中的“矩形”按钮。

●命令行：输入“REC”或者“RECTANG”。

●工具栏：单击“绘图”工具栏中的“矩形”按钮。

“矩形”命令行提示内容含义如下。

“第一个角点”：指定矩形的一个角点。

“倒角”：设定矩形的倒角距离。

“标高”：指定矩形的标高。

“圆角”：指定矩形的圆角半径。

“厚度”：指定矩形的厚度。

“宽度”：为要绘制的矩形指定多段线的宽度。

练习：绘制 A3 图框。

2.6.2　绘制正多边形

“正多边形”命令用以创建等边闭合多段线。

命令启动方式主要有以下 4 种。

●菜单栏：单击“绘图”菜单栏中的“多边形”命令。

●功能区：单击“默认”选项卡中的“多边形”按钮。

●命令行：输入“POL”或“POLYGON”。

●工具栏：单击“绘图”工具栏中的“多边形”按钮。

“正多边形”命令行提示各选项内容如下：

“边”：通过指定正多边形的第一条边的两个端点来确定正多边形。

选择利用中心点绘制时，会出现“内接于圆”或“外切于圆”的选项，此圆为一个假想的圆（虚线）。

“内接于圆”：正多边形的所有顶点都在此圆周上，输入圆的半径即可，圆的半径为正多边形中心到各顶点的距离。

“外切于圆”：圆与正多边形各边中点相切，输入圆的半径即可，圆的半径为正多边形中心到各边中点的距离。

2.7 高级图形绘制

2.7.1 绘制多段线

“多段线”命令绘制由直线段和圆弧段组成的二维多段线。相较于直线段和圆弧，多段线更便于编辑与修改，适合绘制各类复杂的图形。

命令启动方式主要有以下 4 种。

●菜单栏：单击“绘图”菜单栏中的“多段线”命令。

●功能区：单击“默认”选项卡中的“多段线”图标。

●命令行：输入“PL”或者“PLINE”。

●工具栏：单击“绘图”工具栏中的“多段线”图标。

“多段线”命令行提示内容含义如下。

“指定下一点”：指定第二个点。

“圆弧”：创建与上一条线段相切的圆弧段。

“半宽”：指定从宽线段的中心到一条边的宽度。

“长度”：按照与上一条线段相同的角度方向创建指定长度的线段。

“放弃”：放弃本次操作，回到上一步。

“宽度”：可指定下一条线段的宽度。

如果下一点开始为圆弧，那么命令行提示项内容含义如下。

“角度”：指定圆弧段从起点开始的包含角。

“圆心”：基于其圆心指定圆弧段。

“闭合”：闭合多段线。

“方向”：指定圆弧段切线的走向。

“半宽”：指定从宽线段的中心到一条边的宽度。

“直线”：从圆弧段变为图形直线段。

“半径”：指定圆弧段的半径。

“第二个点”：可指定三点圆弧的第二点和端点。

“放弃”：放弃本次操作，回到上一步。

“宽度”：指定下一条线段的宽度。

2.7.2 绘制样条曲线

“样条曲线”命令可以编辑定义样条曲线的拟合点数据，包括修改公差；将开放样条曲线修改为连续闭合的环；将拟合点移动到新位置；通过添加、权值控制点等来修改样条曲线的定义、方向等。通过“拟合点”或是“控制点”的方式，绘制由拟合点或由控制框的顶点定义的平滑曲线。

启动命令的方式主要有以下 4 种。

●菜单栏：单击“绘图”菜单栏中的“样条曲线”命令，再选择“拟合点”或“控制点”。

●功能区：单击“默认”选项卡中的“样条曲线拟合”按钮或“样条曲线控制点”按钮。

●命令行：输入“SPL”或者“SPLINE”。

●工具栏：单击“绘图”工具栏中的“样条线”图标。

练习：绘制一自然式园路。

2.7.3　多线绘制

“多线”是由多条平行线组成的直线，也称多重线。多线可以有不同的样式。在 AutoCAD 中，可以使用默认的多线样式，也可以创建和保存新的多线样式。

多线样式的启动方式主要有以下 2 种。

●菜单栏：单击“格式”下的“多线样式”命令。

●命令行：输入“MLSTYLE”。

多线样式命令启动后，弹出如图 2－23 所示对话框。

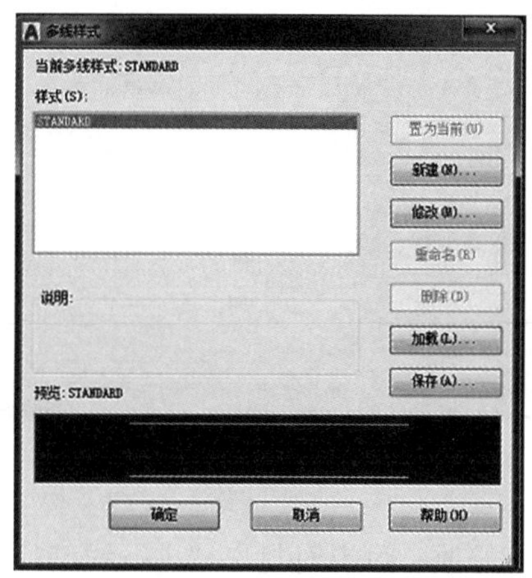

图 2－23　“多线样式”对话框

点击“新建”按钮，弹出如图 2－24 所示对话框。

图 2－24　新建“多线样式”命名对话框

可在新样式名中输入：MLINE1，点击“继续”，弹出如图 2－25 所示对话框。

图 2－25　“新建多线样式”对话框

此时即可对多线样式进行修改，可以对封口端进行线型的选择，既可以起点或端点封口，也可以不加封口。可以对多线内部进行填充，选择相应颜色即可。常用的是对图元的修改，可以修改偏移数值，点击“添加”按钮可以添加多线，可以改变多线的颜色以及线型。修改完后点击确定，将新建的多线样式置为当前即可使用，点击“保存”后可以保存新建的样式，在以后绘图时可以点击加载使用。

启动多线命令的方式主要有以下 2 种。

●菜单栏：单击“绘图”菜单栏中的“多线”命令。

●命令行：输入“ML”或者“MLINE”。

“多段线”命令行提示各选项内容如下。

“对正”：在绘制多线时以哪条线为基准，有“上”“无”“下”可以选择。

“比例”：可以控制多线的全局宽度，数值越大，则多线之间的距离越宽。

“样式”：可以输入样式名称即可使用相应的样式。

第 3 章　编辑二维图形

3.1　选择对象

在 AutoCAD 2018 中，当输入大部分编辑命令或在绘图过程中执行某些命令操作时，AutoCAD 通常会提示“选择对象”，这个提示就是要求绘图人员选择将要进行编辑操作的图形对象，同时绘图窗口中的十字光标会改变成一个小方框，这个小方框称为拾取框。选择对象时，被选中的对象呈虚线显示。在提示“选择对象”键入“?”查看选择方式。选择该选项后，系统会出现如下提示：需要点或窗口（W）/上一个（L）/窗交（C）/框（BOX）/全部（ALL）/栏选（F）/圈围（WP）/圈交（CP）/编组（G）/添加（A）/删除（R）/多个（M）/前一个（P）/放弃（U）/自动（AU）/单个（SI）/子对象（SU）/对象（O）。

AutoCAD 2018 提供了多种选择对象及操作的方法，下面逐一介绍。

3.1.1　点　选

点选选项直接通过点取的方式选择对象，是较常用的也是系统默认的一种对象选择方法。将选择框直接移到对象上，单击鼠标左键即可选择对象。

3.1.2　窗口与窗交选择

（1）窗口选择

窗口选择由两个对角顶点确定的矩形窗口选取位于矩形范围内部的所有图形，与边框相交的对象不会被选中。指定对角顶点时要按照从左向右的顺序，使用窗口选择时，框体显示为蓝底实线，此时窗口内全部包含的对象才被选择，如图 3－1 所示。

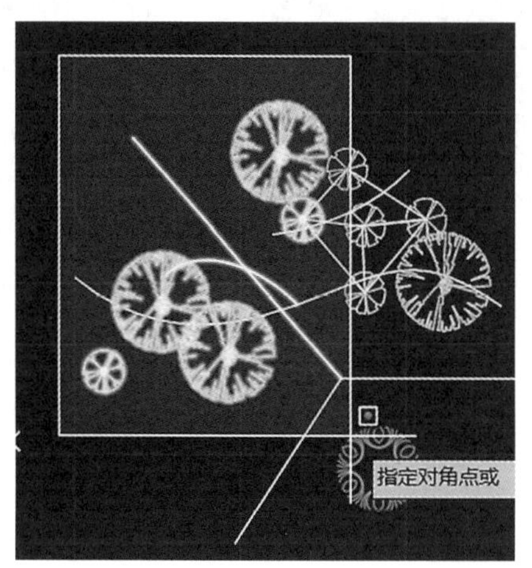

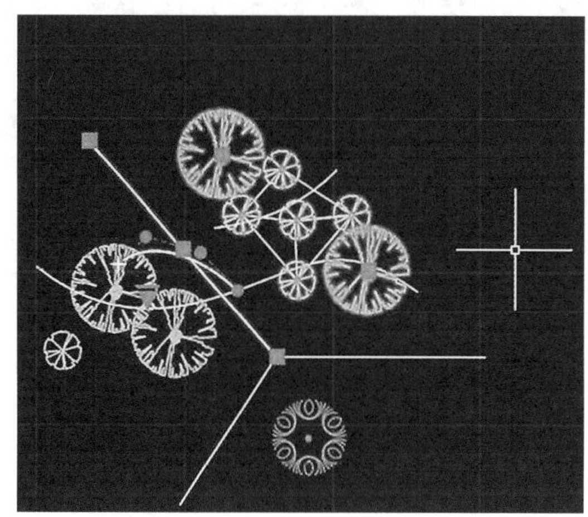

图 3－1　窗口选择示意图

（2）窗交选择

窗交选择与窗口选择方式类似，区别在于：不仅可以选择矩形窗口内部的对象，还可选中与矩形窗口边界相交的对象。其操作与窗口选择方式相反，指定对角顶点时按照从右向左的顺序绘制选择框，框体显示为绿底虚线，此时窗框所接触到的对象均被选择。

示例如图 3 -2 所示。

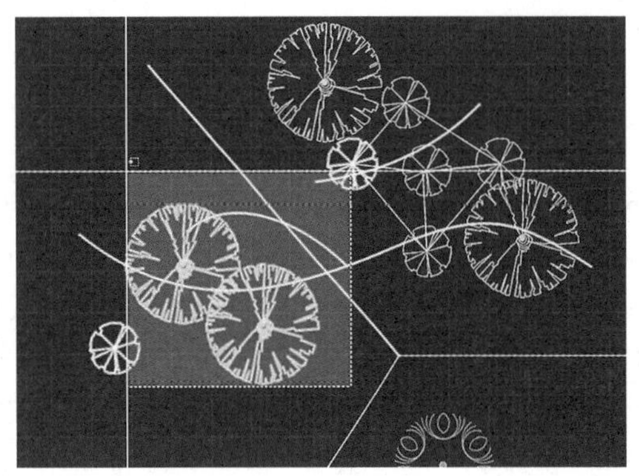
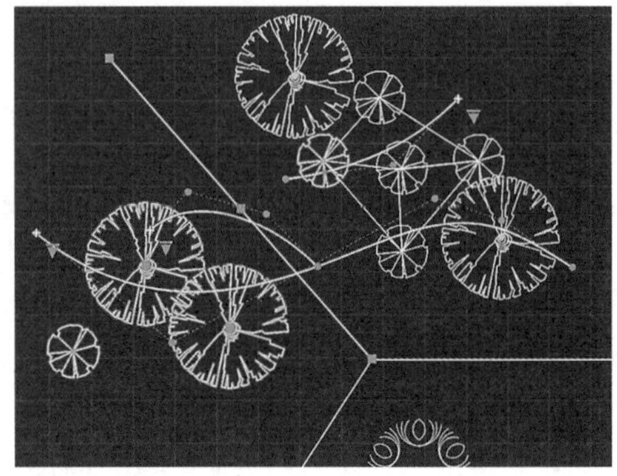

图 3 -2　窗交选择示意图

3.1.3　圈围与圈交选择

(1) 圈围选择

在执行命令的选择方式中，选择圈围（WP）方式，此时建立的是蓝底实线的多边形闭合框，其选择框内全部包含的对象才被选择，如图 3 -3 所示。

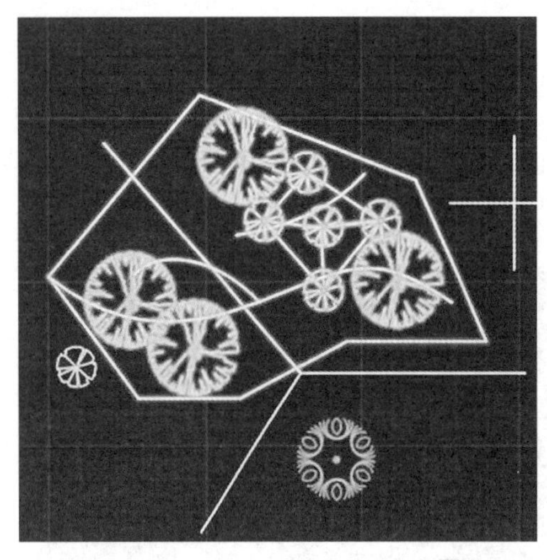
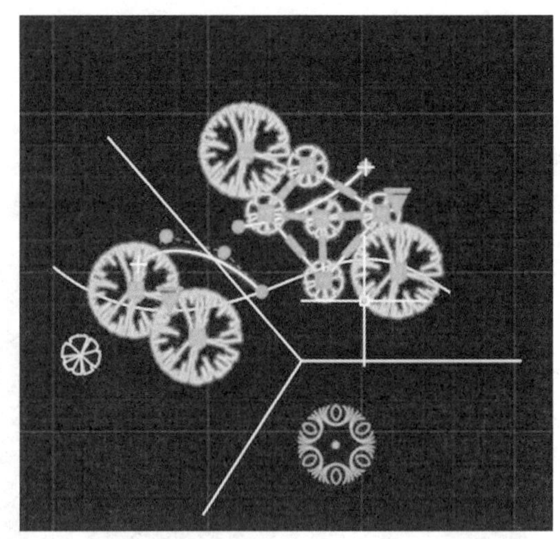

图 3 -3　圈围选择示意图

(2) 圈交选择

在执行命令的选择方式中，选择圈交（CP）方式，此时建立的是绿底虚线的多边形闭合框，其选择框边界接触到的对象均被选择，如图 3 -4 所示。

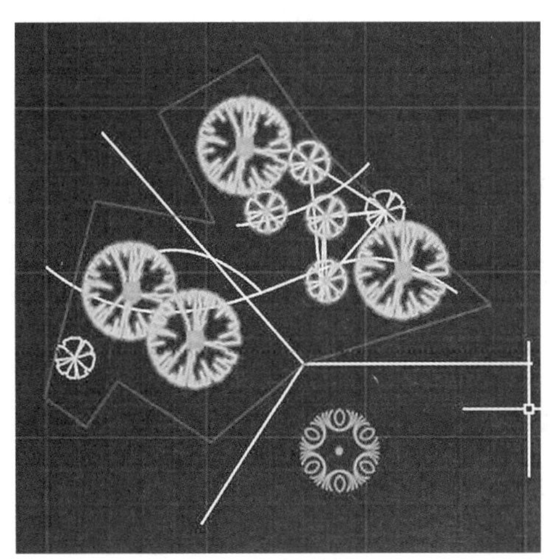
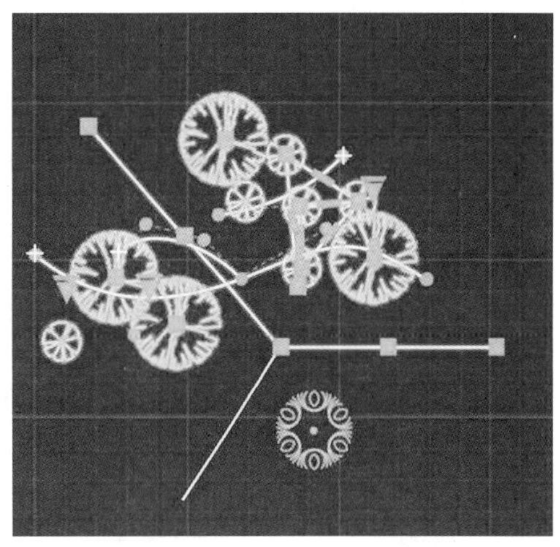

图 3－4　圈交选择示意图

3.1.4　快速选择

快速选择通过对象类型（如弧、线段、多段线等）、对象特征（如线型、图层、颜色等）准确快速地从复杂的图形中找出对象。

快速选择启动执行方式主要有以下 3 种。

●菜单栏：单击“工具”菜单栏中的“快速选择”命令，弹出“快速选择”对话框，如图 3－5 所示。

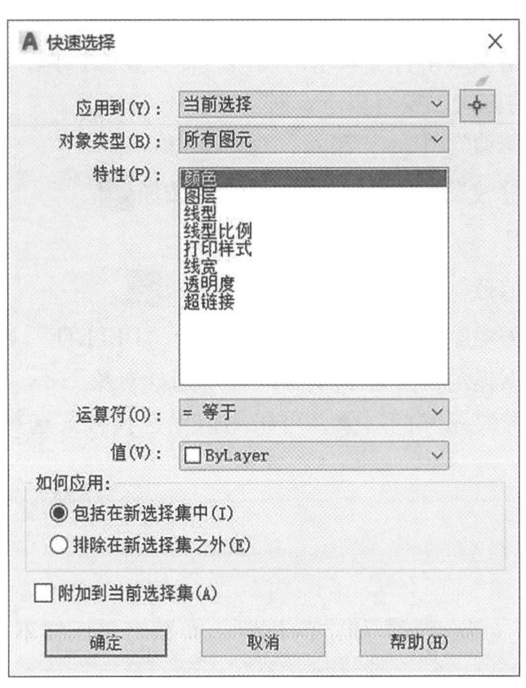

图 3－5　“快速选择”对话框

●命令行：输入“QSE”或“QSELECT”。

●空白处右击鼠标：单击“快速选择”。

3.1.5 全部选择

在绘图区可直接按快捷键，“Ctrl + A”，全部选中所有图形。

注意：AutoCAD 2018 在默认情况下，选取图形时，可直接增加选中的图形，已选择的图形保持不变。如果选择“工具”→“选项”→“选择集”或直接输入“OP”/“OPTION”，将对话框中的“用 Shift 键添加到选择集 F”前打勾，如图 3－6 所示，则选择图形时须按住 Shift 键不放，否则将重新选择图形。

图 3－6 “选择”对话框

3.2 对象删除

在制图的过程中，错误或不符合要求的图形，需要删除操作，就要用到删除命令。

“删除”命令启动的方式主要有以下 5 种。

●菜单栏：单击“修改”中的“删除”命令。

●功能区：单击“修改”选项卡中的“删除”按钮。

●命令行：输入“E”或“ERASE”。

●工具栏：单击“修改”工具栏中“删除”按钮。

●快捷方式：选中需要删除的对象，按键盘上的“DELETE”键。

启动删除命令，根据提示：“选择对象”→“选择对象”…→“空格”。执行删除命令时，系统会提示选择需要删除的对象，可采用以上选择方式选择多个图形对象，回车/空格执行命令。

3.3 复制类命令

3.3.1 复制对象

“复制”是将选定的对象复制到指定的位置，而原对象保持不变，并且复制出来的对象和原对象完全一样；可以进行多重复制，复制后的对象可独立被编辑和使用。

启动命令的方式主要有以下 4 种。

●菜单栏：单击“修改”菜单栏中的“复制”命令。

●功能区：单击“修改”选项卡中的“复制”按钮。

●命令行：输入“CO”或“CP”或“COPY”。

●工具栏：单击“绘图”工具栏中的按钮

“复制”命令演示，如图3－7、3－8、3－9所示。

①在AutoCAD 2018上如图3－7绘制一棵树冠大小为3m的行道树。

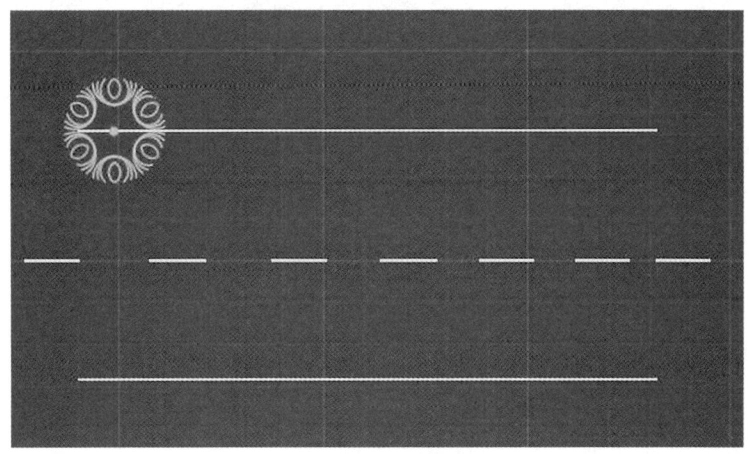

图3－7　行道树

②选中图中的树木，在命令行中输入“CO”。

③根据提示：指定基点或［位移（D）/模式（O）］，再输入“O”进入模式选项，输入“M”将复制模式设为“多个”。

④向右平移树木，在命令行中输入“5”，表示复制的树木与源树木相距5m。

⑤再次分别输入“10”“15”“20”，复制出第3、第4、第5棵树，如图3－8所示。

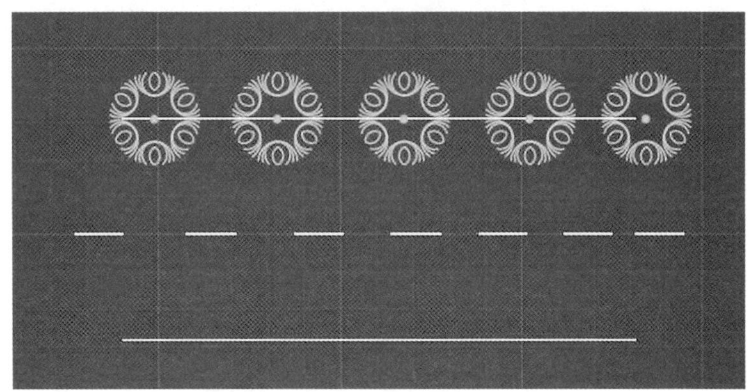

图3－8　完成一侧行道树复制

⑥选中全部5棵树，向下平移并在命令行输入“20”，将树复制到道路对侧，完成行道树布置，如图3－9所示。

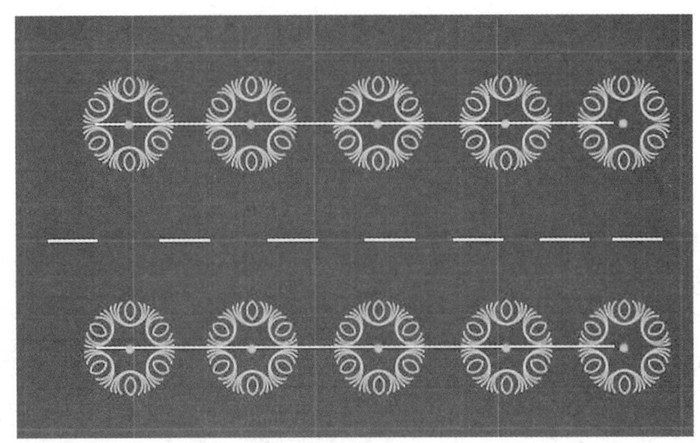

图 3－9　完成两侧行道树复制

“复制”命令行提示含义如下。

“指定基点”：选择复制对象的基点，通过基点控制将复制的图形对象。

“位移”：使用坐标指定相对距离和方向。

“模式”：选择复制命令是单个还是多次复制。

单个：复制单个选定的图形对象，并结束命令。

多个：重复复制选定的图形对象，直到取消。

3.3.2　对象偏移

“偏移”是指保持选择对象的形状，然后在不同的位置复制新建一个不同尺寸或相同尺寸大小的对象。

命令启动的方式主要有以下 4 种。

●菜单栏：单击“修改”菜单栏中的“偏移”命令。

●功能区：单击“修改”选项卡中的“偏移”按钮。

●命令行：输入“O”或“OFFSET”。

●工具栏：单击“修改”工具栏中的“偏移”按钮。

“偏移”命令演示，如图 3－10、3－11 所示。

①如图 3－10 所示，绘制一条圆弧。

②选中需偏移的圆弧。

③在命令行中输入“O”，然后输入偏移距离“5”。

④将光标移动到对象下方，出现偏移对象的预览，鼠标单击“确定”后完成偏移。如图 3－11 所示。

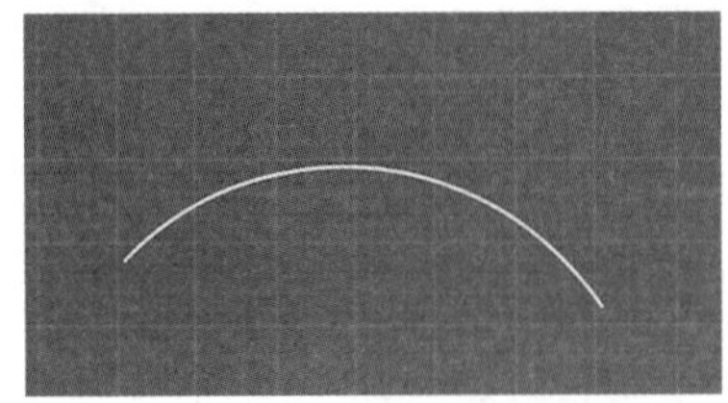

图 3－10　绘制圆弧

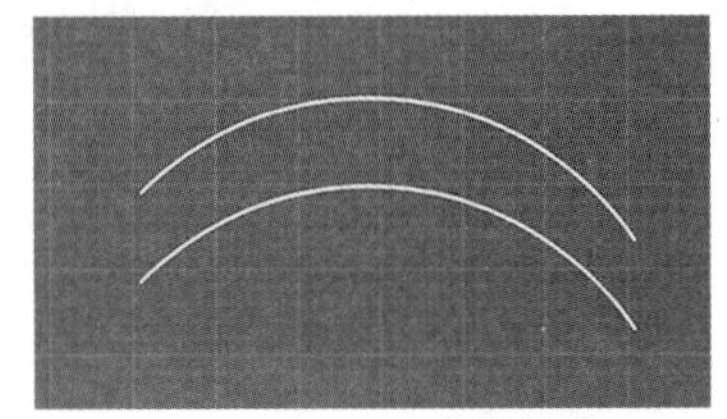

图 3－11　完成偏移

"偏移" 命令提示内容含义如下。

"指定偏移距离"：在距现有对象指定的距离处创建对象。

"退出"：退出命令。

"多个"：使用当前偏移距离重复进行偏移操作。

"放弃"：恢复前一个偏移。

"通过"：创建通过指定点的对象，如图 3－12 所示。

"删除"：偏移完成后是否删除源对象。

"图层"：确定偏移对象创建在当前图层还是源对象所在图层。

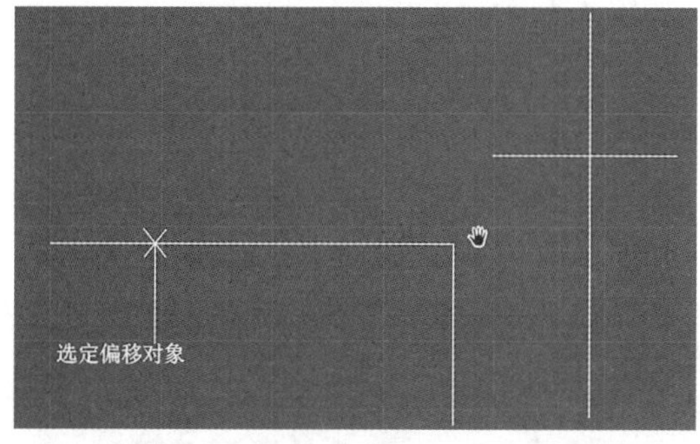

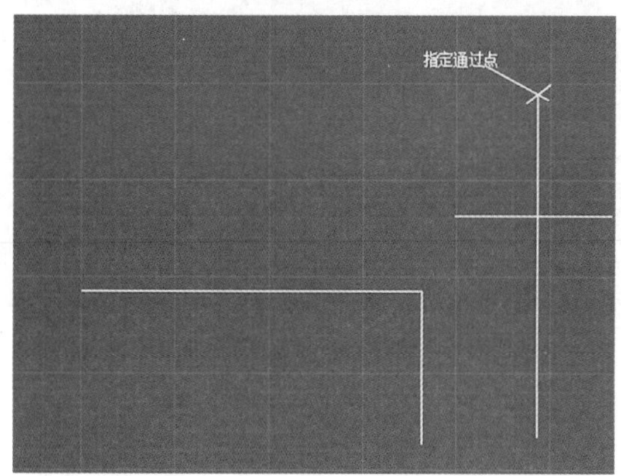

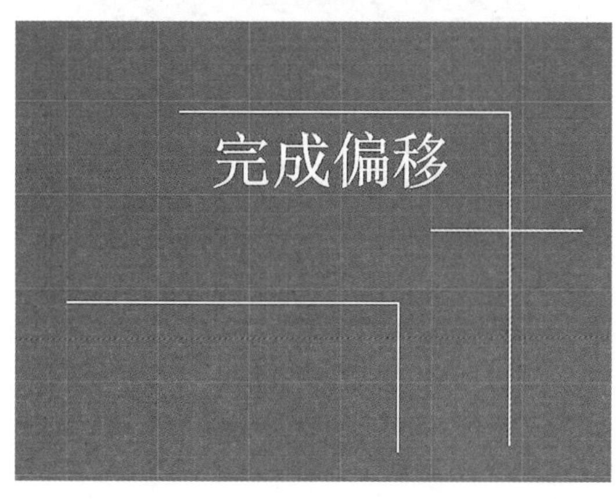

图 3－12　指定通过点偏移对象

3.3.3 对象的镜像

“镜像”命令是把选择的对象沿一条临时镜像线作对称复制，镜像操作完成后，原对象及镜像线可删除也可保留。

命令启动方式主要有以下4种。

●菜单栏：单击“修改”菜单栏中的“镜像”命令。

●功能区：单击“修改”选项卡中的“镜像”按钮。

●命令行：输入“MI”或“MIRROR”。

●工具栏：单击“绘图”工具栏中的“镜像”按钮。

“镜像”命令演示，如图3－13，3－14，3－15所示。

①在AutoCAD 2018中绘制如图3－13所示的图形并选中。

②输入命令“MI”。

③然后根据提示，使用光标点击对象顶端作为镜像线第一点，移动光标将会出现镜像对象的预览。

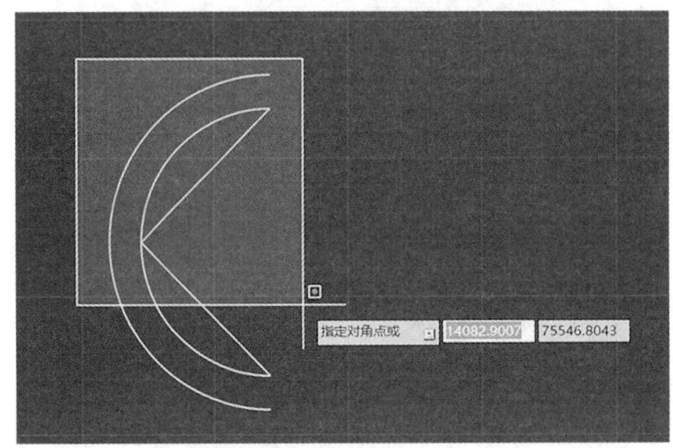

图3－13 选中图形

④同理继续点击底端作为镜像线第二点，如图3－14所示。

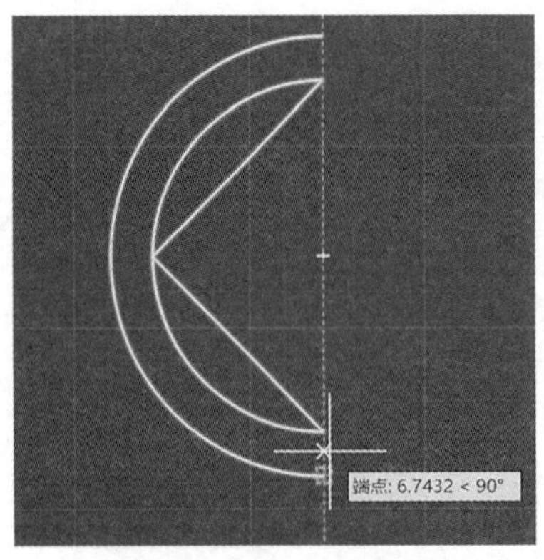

图3－14 找到镜像线

⑤最后单击鼠标确定完成对象镜像，如图 3－15 所示。

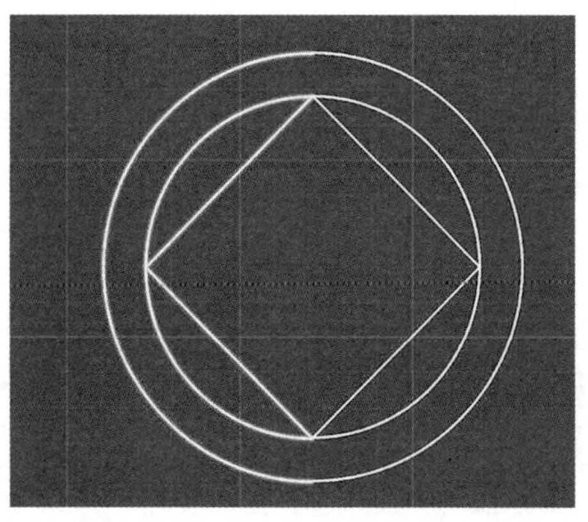

图 3－15　完成镜像

“镜像”命令行提示选项含义如下。

“删除源对象”：确定在镜像原始对象后，是删除还是保留。

注意：镜像文字时，默认状态不会更改文字的方向。如果需要反转文字，可执行 MIRRTEXT 命令，将值设为 1。

3.3.4　对象阵列

“阵列”是将对象按照指定的路径、矩形或极轴的图案方式进行多重复制。

命令启动方式主要有以下 4 种。

●菜单栏：单击“修改”菜单栏中的“阵列”命令，再选择“阵列类型”，如图 3－16 所示。

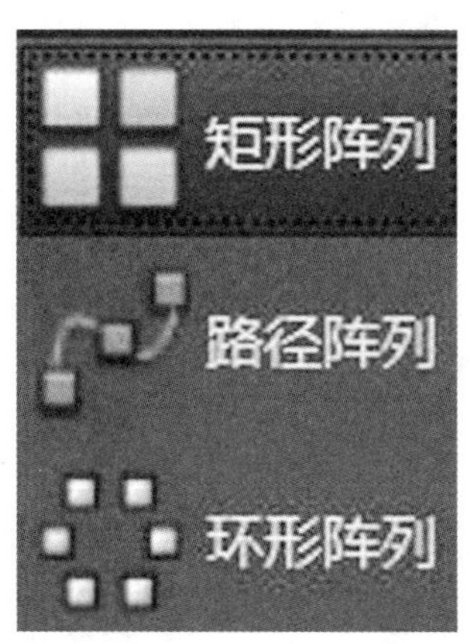

图 3－16　“阵列类型”菜单

●功能区：单击“修改”选项卡中的“阵列”按钮，在旁边的下拉三角可选择阵列类型。

●命令行：输入“AR”或“ARRAY”。

●工具栏：单击“绘图”工具栏中的“阵列”按钮。

实例演示：矩形阵列

①在绘图区绘制一个长方形，如图3－17。

图3－17　选定阵列对象

②使用光标选中图中的对象，然后点击“修改”功能区里的“矩形阵列”按钮。

③软件功能区将会跳转到矩形阵列创建，如图3－18所示，并且生成矩形阵列预览。

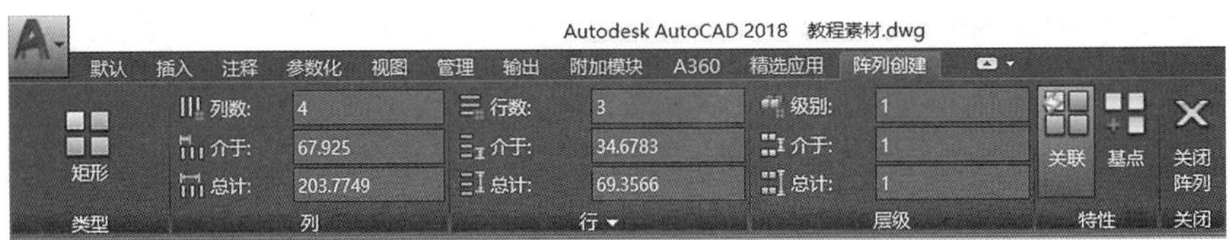

图3－18　矩形阵列功能区

④在矩形阵列功能区内设置“列数”：4；“介于”：15；“行数”：3；“介于”：7.5。输入完毕后将会刷新阵列预览，如图3－19所示。

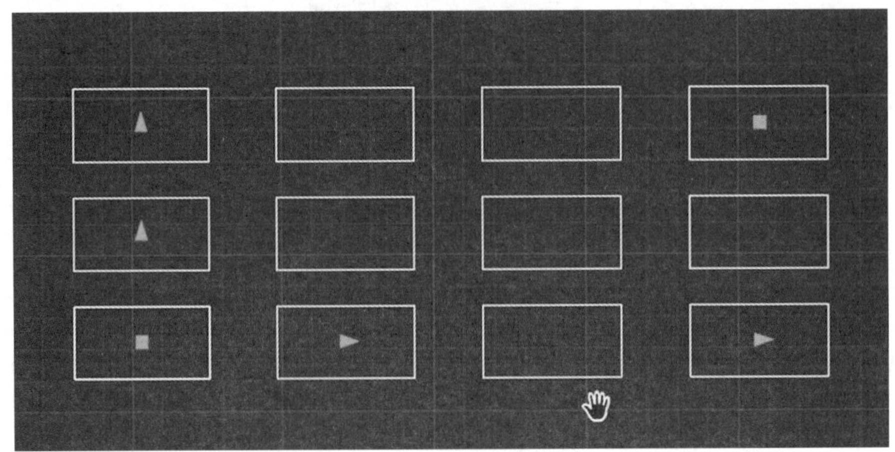

图3－19　调整阵列参数

⑤最后鼠标单击“确定”完成矩形阵列，如图 3－20 所示。

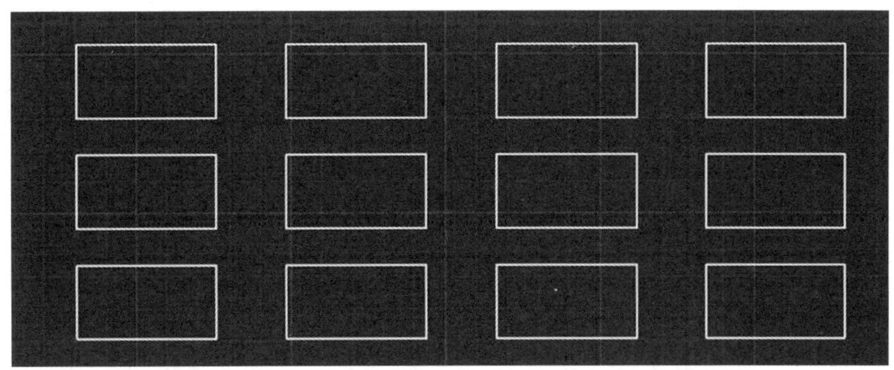

图 3－20　调整阵列参数

“矩形阵列”各参数内容含义如下。
“关联”：指定阵列中的对象是关联的还是独立的。
“基点”：定义阵列基点和基点夹点的位置。
“计数”：设定列数数、行数数或表达式。
“间距”：设定列、行之间的距离。
“列数”：设定图形对象形成矩形阵列时的列数。
“行数”：设定图形对象形成矩形阵列时的行数。
“层数”：设定层数及距离。
“路径阵列”各参数内容如下。
“关联”：指定阵列中的对象是关联的还是独立的。
“方法”：定距等分还是定数等分。
“基点”：定义阵列的基点。路径阵列中的项目相对于基点放置。
“切向”：以两点确定方向。
“项目”：指定项目之间的距离及项目数。
“行数”：指定行数及标高增量。
“层数”：指定层数及距离。
“对齐项目”：指定是否对齐每个项目以与路径的方向相切。
“Z 方向”：保持阵列对象初始 Z 方向或沿三维路径倾斜。
“极轴阵列”各参数内容含义如下。
“关联”：是否将阵列中的所有对象作为一个对象组。
“基点”：指定阵列的基点。
“项目”：指定数目数。
“项目间角度”：指定相邻两阵列对象的角度。
“填充角度”：指定所有项目形成的角度，设定该项后项目间角度将自动调整。
“行数”：指定行数、距离及标高增量。
“层数”：指定层数及距离。
“旋转项目”：指定是否旋转阵列项目。

3.4 改变位置类命令

3.4.1 对象的移动

“移动”命令是将所选择的图形平移到其他位置，图形本身的方向和大小以及其他特性不变。操作时，可配合对象捕捉、夹点、捕捉等辅助绘图命令，精确地移动图形。

命令启动方式主要有以下4种。

●菜单栏：单击“修改”菜单栏中的“移动”命令。

●功能区：单击“修改”选项卡中的“移动”按钮。

●命令行：输入“M”或“MOVE”。

●工具栏：单击“绘图”工具栏中的“移动”按钮。

按上述方式执行命令后，选择需移动的单个对象或对象组，指定基点，再指定移动后位置。

“移动”命令提示内容含义如下。

“基点”：指定移动的起点。

“第二个点”：结合使用第一个点来指定一个矢量，以指明选定对象要移动的距离和方向。

“位移”：指定相对距离和方向。表示移动对象的放置离原位置有多远以及以哪个方向放置。

3.4.2 对象的旋转

“旋转”是将对象绕基点旋转，从而改变对象方向，在默认状态下，旋转角度为正值，所选对象沿逆时针方向旋转；旋转角度为负值，则按顺时针方向旋转。

启动及绘制方式主要有以下4种。

●菜单栏：单击“修改”菜单栏中的“旋转”命令。

●功能区：单击“修改”选项卡中的“旋转”按钮。

●命令行：输入“ROTATE”或“RO”。

●工具栏：单击“绘图”工具栏中的“旋转”按钮。

“旋转”命令提示内容含义如下。

“复制”：源对象保持不变，创建新的对象进行旋转，如图3－21所示。

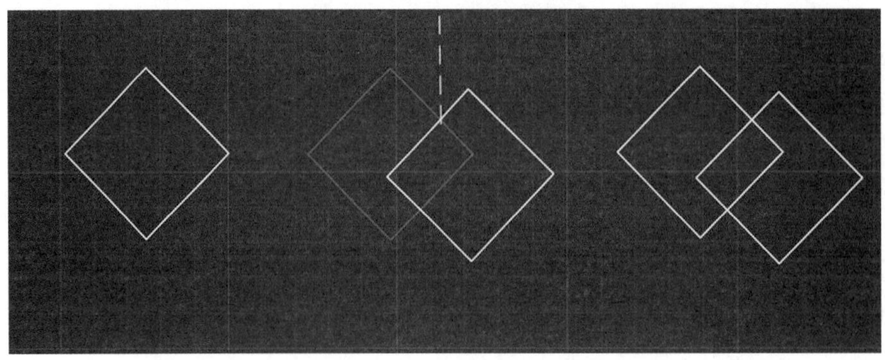

图3－21　复制对象进行旋转

“参照”：使对象按参考的角度或旋转后的角度进行旋转。

3.4.3 对象的缩放

“缩放”命令将选定的对象相对于指定的基点，按比例放大或缩小。

命令启动方式主要有以下 4 种。

●菜单栏：单击“修改”菜单栏中的“缩放”命令。

●功能区：单击“修改”选项卡中的“缩放”按钮。

●命令行：输入“SC”或“SCALE”。

●工具栏：单击“绘图”工具栏中的“缩放”按钮。

实例演示：缩放对象。

①绘制如图 3－22 所示的图形。

图 3－22 选定缩放对象

②选中图中的对象，在命令行中输入“SC”。

③根据提示，使用光标点击对象中央确定缩放基点。

④在命令行输入缩放比例“0.5”，如图 3－23 所示。

图 3－23　设定缩放比例

⑤鼠标单击“确定”后完成对象的缩放，如图 3－24 所示。

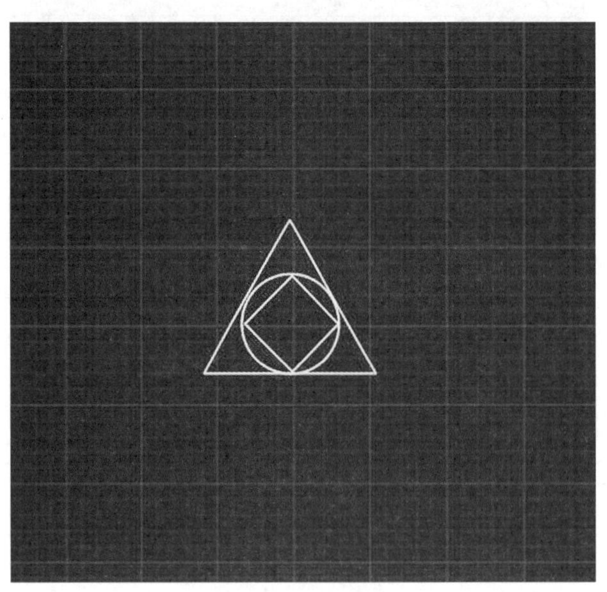

图 3－24　完成缩放

“缩放”命令提示内容含义如下。

“复制”：源对象保持不变，创建新的对象进行缩放。

“参照”：使对象按参考的比例或缩放后的比例进行缩放。

注意：对象的默认比例为 1，大于 1 的比例因子使对象放大，在 0 和 1 之间的比例因子使对象缩小。

3.4.4　对象对齐

用以使对象在位置、角度、比例等方面与目标对象保持对齐，启动命令的方式主要有以下 3 种。

●菜单栏：单击“修改”菜单栏中的“三维操作”，再选择“对齐”命令。

●功能区：单击“修改”选项卡中的“对齐”按钮。

●命令行：输入“ALIGN”或“AL”。

“对齐”命令提示内容含义如下。

“是否基于对齐点缩放对象”：选择“是（Y）”则两源点将会移动缩放至与两目标点完全重合，选择“否（N）”则只有第一个源点与第一目标点重合。

3.5　改变形状类命令

3.5.1　修剪对象

“修剪”是指用作为剪切边的对象修剪其他对象（称为被修剪对象），即将被修剪对象沿剪切边断开，并删除位于剪切边一侧或位于两条剪切边之间的部分。

启动及操作方式主要有以下 4 种。

●菜单栏：单击“修改”菜单栏中的“修剪”命令。

●功能区：单击“修改”选项卡中的“修剪”按钮。

●命令行：输入“TR”或“TRIM”。

●工具栏：单击“绘图”工具栏中的“修剪”按钮。

实例演示：修剪对象。

①绘制如 3－25 所示的图形。

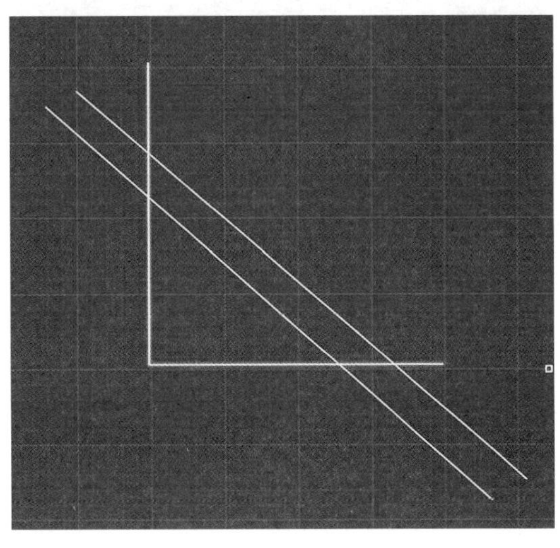

图 3－25　选择要修剪的边

②选中图中的水平直线与垂直直线，在命令行中输入“TR”。

③点击空格键“确定”后，将光标移动至两条线之间的斜线部分，被修剪部分将会减

淡为浅灰色，如图 3－26 所示。

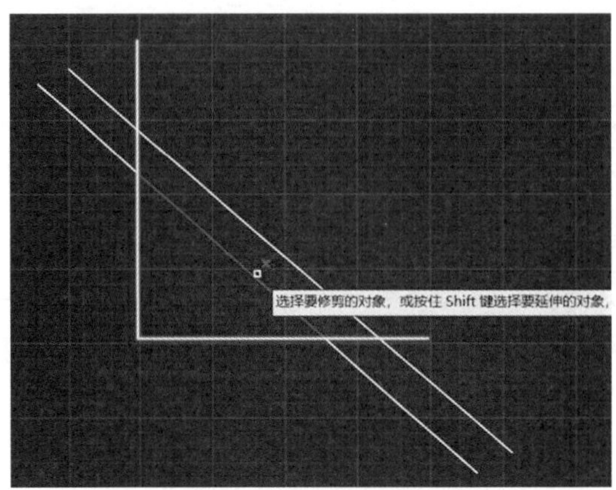

图 3－26　选择要修剪的对象

④鼠标单击“确定”后完成直线的修剪，如图 3－27 所示。

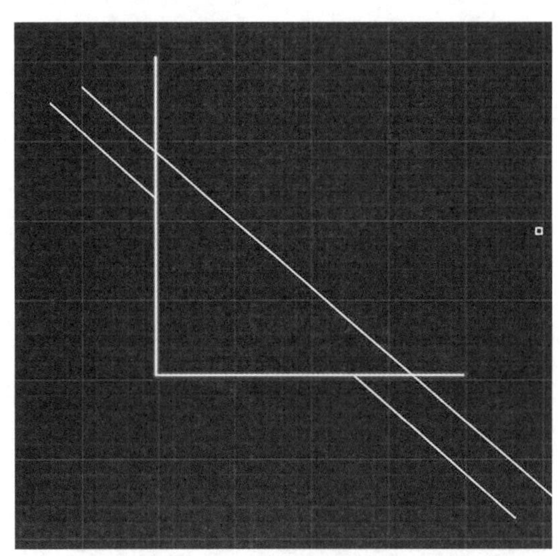

图 3－27　完成修剪

“修剪”命令行提示内容含义如下。

“按 Shift”：按住 Shift，软件会自动将“修剪”命令变为“延伸”命令，“延伸”命令的使用方法在下一小节介绍。

“栏选”：选择与选择栏相交的所有对象。

“窗交”：选择矩形区域（由两点确定）内部或与之相交的对象。

“投影”：指定修剪对象时使用的投影方式。

“边”：选择对象的修剪方式，是延伸还是不延伸，如图 3－28 所示。

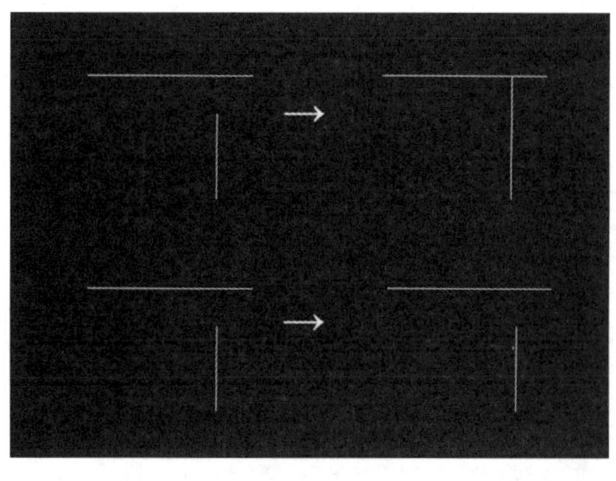

延伸

不延伸

图 3－28　修剪对象时是否延伸

●延伸：延伸对象边界进行修剪，如果剪切边与需修剪对象没有相交，软件会延伸剪切边与剪切对象相交进行修剪。

●不延伸：不延伸对象边界进行修剪，只修剪与修剪边相交的对象。

“删除”：删除选定对象。

“放弃”：撤销“修剪”命令所做的最近一次更改。

3.5.2　延伸对象

“延伸”命令可以在预先指定边界的情况下，连续选择延伸对象，将对象延伸到与边界边相交。延伸命令是与修剪命令对应的一个命令。

启动及操作方式主要有以下 4 种。

●菜单栏：单击“修改”菜单栏中的“延伸”命令。

●功能区：单击“修改”选项卡中的“延伸”按钮。

●命令行：输入“EX”或“EXTEND”。

●工具栏：单击“绘图”工具栏中的“延伸”按钮。

实例演示：延伸对象。

①绘制如图 3－29 所示的图形。

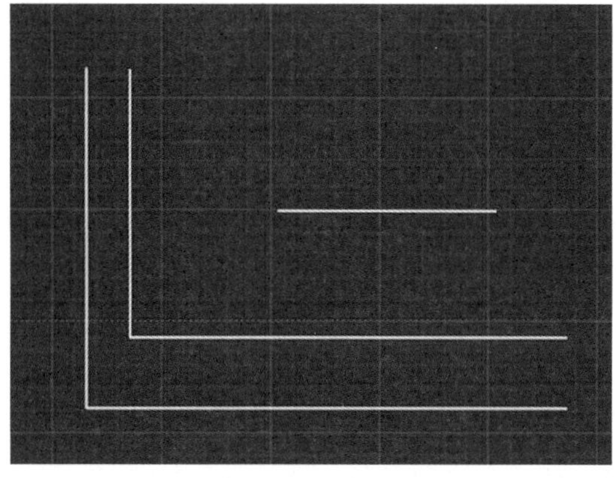

图 3－29　绘制图形

②选中图中的竖直线，在命令行中输入“EX”。

③点击空格键“确定”后，将光标移动至横直线的左端，将延伸部分会出现浅灰色线条预览，如图 3－30 所示。

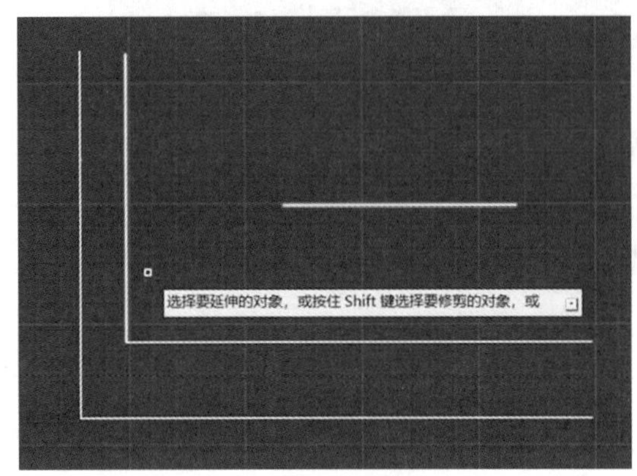

图 3－30　选择延伸对象

④鼠标单击“确定”后完成直线的延伸，如图 3－31 所示。

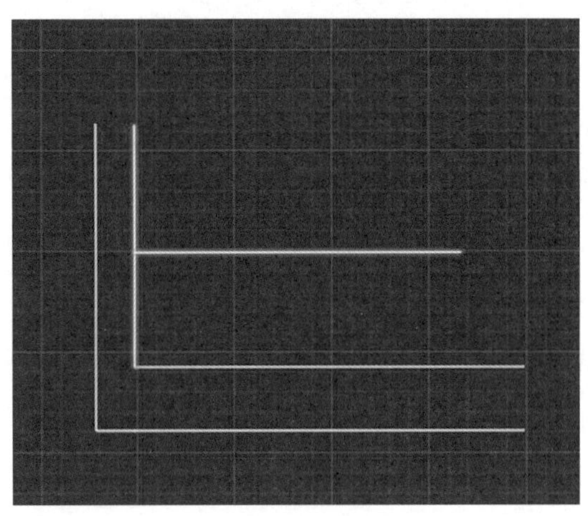

图 3－31　完成延伸

“延伸”命令行提示内容含义如下。

“按 Shift”：按住 Shift，软件会自动将“延伸”命令变为“修剪”命令。

“栏选”：选择与选择栏相交的所有对象。

“窗交”：选择矩形区域（由两点确定）内部或与之相交的对象。

“投影”：指定延伸对象时使用的投影方法。

“边”：选择对象的延伸方式，是延伸还是不延伸。

延伸：延伸对象边界进行修剪，如果边界与需延伸对象没有相交，软件会延伸边界与需延伸对象相交进行延伸。

不延伸：不延伸对象边界，只延伸与对象边界相交的对象。

“放弃”：放弃最近由“延伸”命令所做的更改。

3.5.3　拉伸对象

“拉伸”命令可以用来拉伸被选定的图形部分，而不改变没有被选定的部分使用拉伸命令。在使用拉伸命令时，图形选择窗口外的部分不会有改变，图形选择窗口内的部分，随着图形选择窗口的移动而移动，但不会有形状的改变，只有与选择窗口相交的部分被拉伸。

命令启动及操作方式主要有以下 4 种。

●菜单栏：单击“修改”菜单栏中的“拉伸”命令。

●功能区：单击“修改”选项卡中的“拉伸”按钮。

●命令行：输入“S”或“STR”或“STRETCH”。

●工具栏：单击“绘图”工具栏中的“拉伸”按钮。

“拉伸”命令提示内容含义如下。

“指点基点”：指定图形拉伸起点。

“位移”：输入拉伸数值。

注意：

①如果将图形全部选入窗口内，则相当于移动命令；以窗交方式选取的图形，才可以拉伸，如图 3－32 所示。

②对于直线段的拉伸，在指定拉伸区域窗口时，应使得直线的一个端点在窗口之外，另一个端点在窗口内。拉伸时，窗口外的端点不动，窗口内的端点移动，使直线做拉伸变动。

③对于圆弧的拉伸，在指定拉伸区域窗口时，应使得圆弧的一个端点在窗口之外，另一个端点在窗口内。拉伸时，窗口外的端点不动，窗口内的端点移动，使圆弧做拉伸变动，同时圆弧的弦高保持不变。

④有些图形无法拉伸，如圆、椭圆及块等。

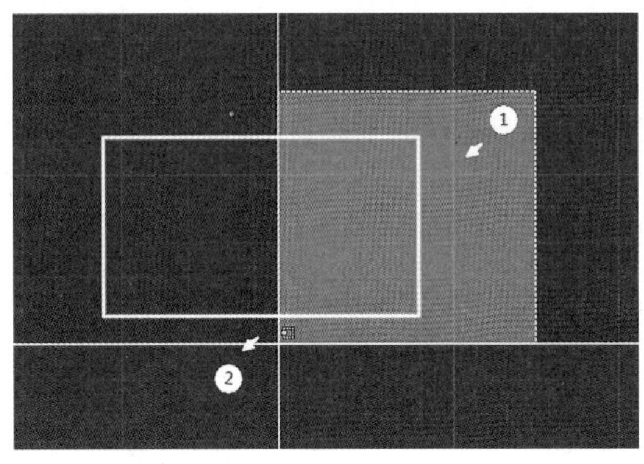

图 3－32　选择对象方式

3.5.4　对象的拉长

“拉长”用以延长或缩短直线对象以及弧线对象的长度。对于圆弧对象使用拉伸命令相当于改变圆弧的包含夹角。

启动命令及操作方式主要有以下 3 种。

●菜单栏：单击“修改”菜单栏中的“拉长”。

●功能区：单击“修改”选项卡中的“拉长”按钮。

●命令行：输入“LEN”或“LENGTHEN”。

“拉长”命令行提示内容含义如下。

“增量”：以指定的增量拉长图形，该增量从距离选择点最近的端点处开始拉长。

“百分比”：通过指定图形总长度的百分数设定图形长度。

“总计”：将图形从离选择点最近的端点拉长到指定值。

“动态”：通过拖动选定图形的端点之一来更改其长度。

3.5.5 对象的打断

“打断”是指将所选的对象分成两部分或删除对象上指定两点之间的部分。该命令可以删除对象的一部分，也可以将一个对象分解成两部分或更多部分。在 AutoCAD 2018 中，使用打断命令可以对直线、多段线、圆、圆弧、样条曲线等图形进行操作。

启动及操作方式主要有以下 4 种。

●菜单栏：单击“修改”菜单栏中的“打断”。

●功能区：单击“修改”选项卡中的“打断”按钮。

●命令行：输入“BR”或“BREAK”。

●工具栏：单击“绘图”工具栏中的“打断”按钮。

“打断”命令提示内容含义如下。

“指定第二个打断点”：如果不指定第一个打断点，则第一个打断点为点选对象时确定的点。

“第一点”：指定第一个打断点。

“打断于点”命令能在单个点处打断选定的对象，操作方式与“打断”命令相似。

操作方式主要有以下 2 种。

●功能区：单击“修改”选项卡中的“打断于点”按钮。

●工具栏：单击“绘图”工具栏中的“打断于点”按钮。

3.5.6 对象的合并

“合并”命令可以将相似的对象合并成为一个对象，以便创建整体对象。

命令启动及操作方式主要有以下 4 种。

●菜单栏：单击“修改”菜单栏中的“合并”命令。

●功能区：单击“修改”选项卡中的“合并”按钮。

●命令行：输入“J”或“JOIN”。

●工具栏：单击“绘图”工具栏中的“合并”按钮。

命令启动后，根据命令行提示依次选择需要合并的对象即可。

3.5.7 分解对象

“分解”命令用以将由多段线、多线、标注及块等组成的复合对象分解。

命令启动及操作方式主要有以下 4 种。

●菜单栏：单击“修改”菜单栏中的“分解”命令。

●功能区：单击“修改”选项卡中的“分解”按钮。

●命令行：输入“X”或“EXPLODE”。

●工具栏：单击“绘图”工具栏中的“分解”按钮。

注意：对象被分解后，原有的颜色、线型、线宽等属性可能会发生改变。如果要对块的线型、颜色等属性进行编辑修改的话，必须先进行分解。

3.5.8　倒　角

“倒角”是指用斜线连接两个不平行的线型对象，可以用斜线连接直线段、双向无线长线、射线和多义线。

命令启动及操作方式主要有以下4种。

●菜单栏：单击“修改”菜单栏中的“倒角”命令。

●功能区：单击“修改”选项卡中的“倒角”按钮。

●命令行：输入“CHA”或“CHAMFER”。

●工具栏：单击“修改”工具栏中的“倒角”按钮。

倒角实例演示：倒角。

①绘制一长方形，在命令行输入“CHA”，显示如图3－33所示。可以看到命令行的提示，模式为“修剪”，当前倒角距离1＝0，距离2＝0，此时需要设置倒角距离。设置倒角距离时，两个倒角距离可以相同，也可以不同，数值应合理。

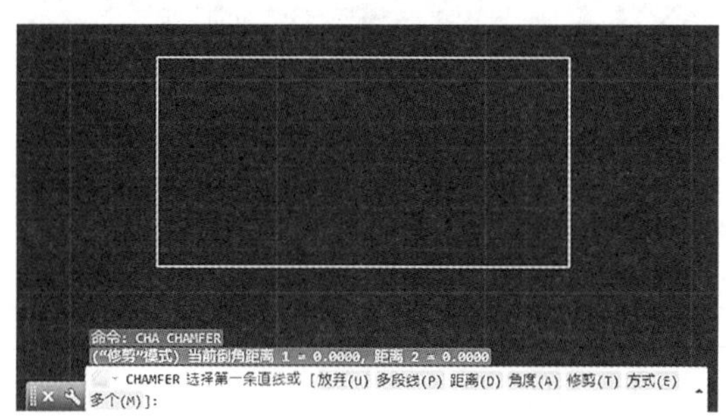

图3－33　绘制长方形

②在命令行输入“D”设置倒角距离，提示第一个距离时输入“10”，提示第二个距离时输入“20”。

③确定后，选中矩形的上边，再将光标移至矩形左边，软件将会自动生成倒角后的预览图形，如图3－34所示。

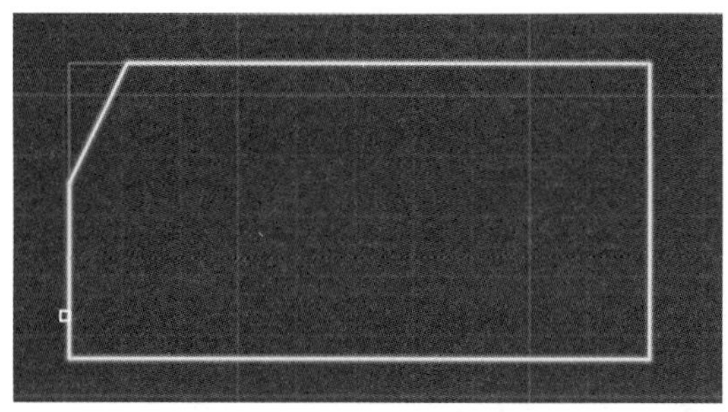

图3－34　倒角完成预览

“倒角”命令行提示内容含义如下。

“放弃”：恢复“倒角”命令中执行的上一个操作。

“多段线”：在一条多段线中两条直线段相交的顶点处进行倒角。

“距离”：设置距第一个对象和第二个对象的交点的倒角距离。

“角度”：设置选定对象第一条直线的倒角距离以及倒角角度。

“修剪”：控制是否修剪选定对象，默认为修剪。如果不修剪，则得到如图 3－35 所示的图形。

“方式”（E）：选择倒角方式采用“距离”还是“角度”。

“多个”（M）：同时对多个对象进行倒角。

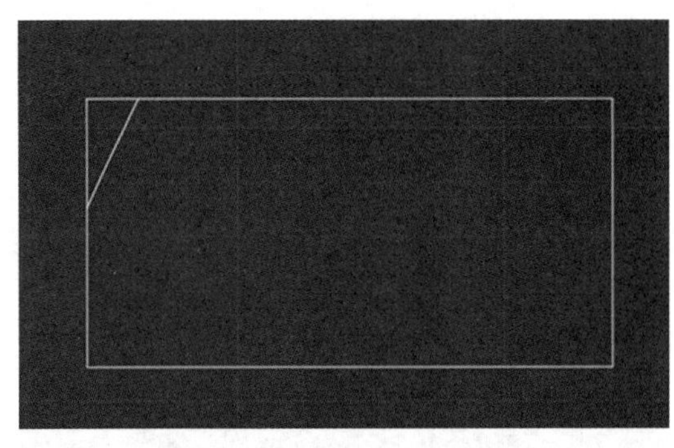

图 3－35　不修剪模式的倒角

3.5.9　对象的圆角

“圆角”命令用于以指定的半径决定的一段平滑的圆弧连接两个对象，其对象可以是直线、射线、多段线、样条曲线、圆、圆弧和椭圆等。

命令启动方式主要有以下 4 种。

●菜单栏：单击“修改”菜单栏中的“圆角”命令。

●功能区：单击“修改”选项卡中的“圆角”按钮。

●命令行：输入“F”或“FILLET”。

●工具栏：单击“修改”工具栏中的“圆角”按钮。

命令行提示如下。

“放弃”：恢复在“圆角”命令中执行的上一个操作。

“多段线”：在一条多段线中两条直线段相交的顶点处进行倒角。

“半径”：设置后续圆角的半径，设置后现有圆角不会改变。

“修剪”：设置后续圆角的半径，设置后现有圆角不会改变。。

“多个”：同时对多个对象进行圆角。

3.6　高级编辑命令

3.6.1　编辑多段线

“编辑多段线”命令用于编辑和修改多段线及相关对象的属性，如在园林设计中，用多段线、直线、圆弧、矩形等创建的图形。

命令启动的方式主要有以下 4 种。

●菜单栏：单击“修改”→“对象”→“多段线”命令。

●命令行：输入“PE”或“PEDIT”。

●工具栏：单击“修改 II”工具栏中的“编辑多段线”按钮。

●选中多段线右击弹出菜单选择“多段线”→“编辑多段线”。

“编辑多段线”命令行提示内容含义如下。

“闭合”：闭合不在同一直线上的多段线。

“合并”：将其他互相连接的直线、多段线或圆弧合并到预先选择的多段线中，使其成为一个整体。

“宽度”：设定多段线宽度。

“编辑顶点”：设定对多段线的顶点进行插入、删除、移动、拉直等操作，当前正在编辑的顶点会以十字型的“X”标记。

“拟合”：多段线顶点位置不变，将多段线变为平滑圆弧组成的拟合曲线。

“样条曲线”：以多段线顶点为控制点，将多段线变为样条曲线。

“非曲线化”：删除由拟合曲线或样条曲线插入的多余顶点，拉直多段线的所有线段。

“线型生成”：生成经过多段线顶点的连续图案线型，关闭选项将会在每个顶点单独生成线型。

“反转”：反转多段线顶点的顺序。

3.6.2　编辑样条曲线

“编辑样条曲线”可以编辑和修改那些以样条曲线命令绘制的图形对象。

启动命令的式主要有以下 4 种。

●菜单栏：单击“修改”→“对象”→“样条曲线”命令。

●命令行：输入“SPE”或“SPLINEDIT”。

●工具栏：单击“修改 II”工具栏中的“编辑样条曲线”按钮。

●选中样条曲线用右键单击弹出菜单“样条曲线”。

“编辑样条曲线”命令行提示各选项内容如下。

“合并”：将其他端点相连的样条曲线合并到选择的样条曲线，使之成为一个整体图形。

“拟合数据”：编辑样条曲线的拟合点。

“编辑顶点”：编辑样条曲线的控制点。

“转换为多段线”：将样条曲线转换为多段线。

“反转”：反转多段线顶点的顺序。

3.6.3　编辑多线

“多线编辑”用于编辑和修改多线样式。

启动命令的方式主要有以下 3 种：

●菜单栏：单击“修改”→“对象”→“多线”命令。

●命令行：输入“MLEDIT”。

●双击需编辑的多线。

命令启动后，弹出如图 3 - 36 所示对话框，选择合适的编辑工具，再依次选择多线即可。

图 3 - 36 “多线编辑工具”对话框

3.6.4 对象夹点编辑

当选择图形时，不进行任何操作，图形上出现的高亮显示的蓝点称之为“夹点”，如图 3 - 37 所示。在 AutoCAD 中，对这些夹点的编辑叫作“夹点编辑”。可以使用不同类型的夹点和夹点模式重新塑造、移动或操纵对象，是一种非常实用的编辑功能，也是一种方便快捷的操作方式。AutoCAD 2018 默认开启“夹点编辑”功能，如需修改，可在命令行输入“GRIPS”进行变量调整。输入“0”表示关闭该功能，“1”表示只在顶点开启，“2”表示在顶点和边均开启。

实例演示：利用夹点编辑对象。

①夹点。

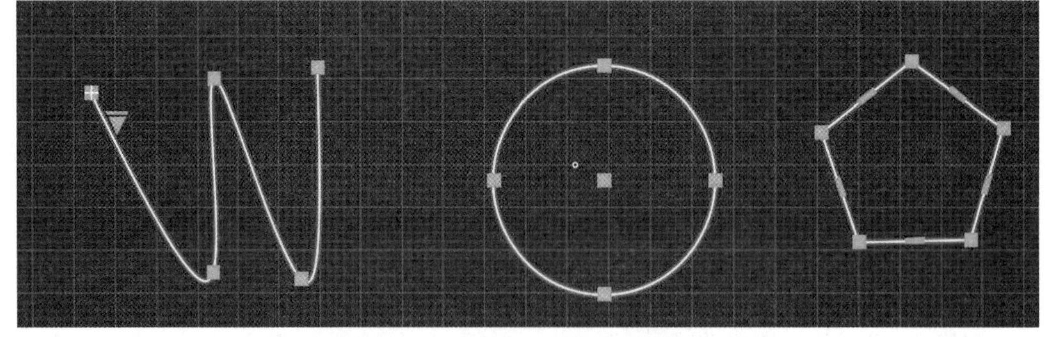

图 3 - 37 不同类型图形上的夹点

②选中图中的多边形，点击右端点上的蓝色方块，如图 3 - 38 所示。

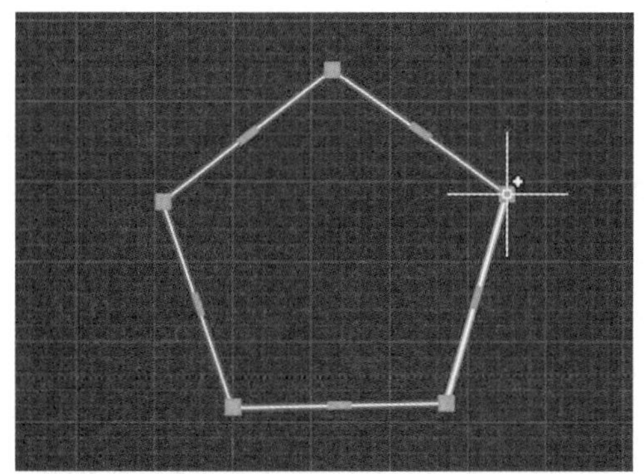

图 3－38　**选中夹点**

③拖动光标，将选中的夹点向左移动，如图 3－39 所示。

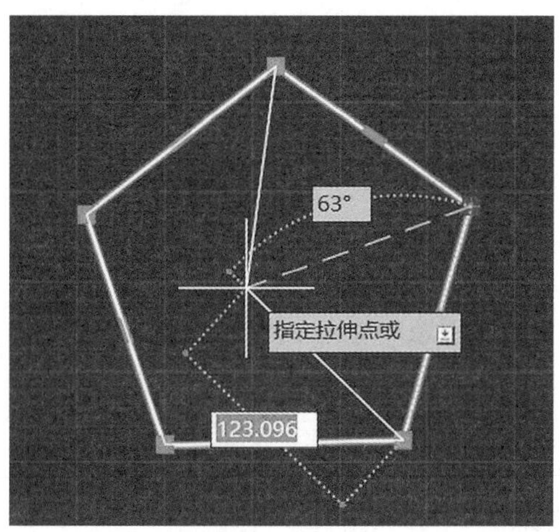

图 3－39　**拖动夹点**

④再次点击鼠标“确定”完成夹点编辑，如图 3－40 所示。

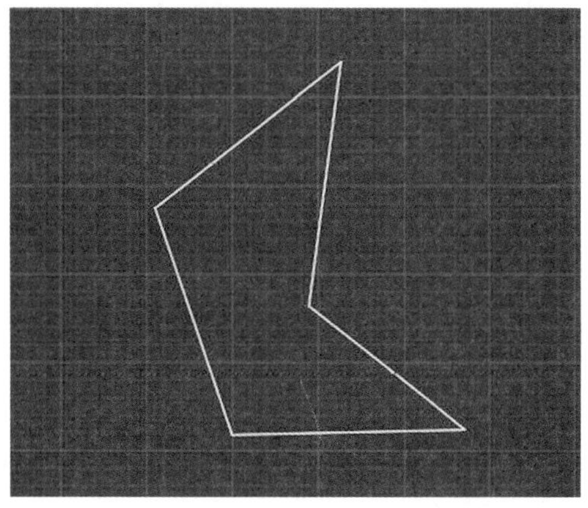

图 3－40　**完成夹点编辑**

“编辑夹点”命令提示内容含义如下。

“拉伸顶点”：移动顶夹点位置。

“添加顶点”：在指定位置增加一个顶点。

“删除顶点”：删除所选顶点。

注意：按住 Shift 键，可依次选择多个夹点，选中后呈暗红色显示。当选择多个夹点拉伸对象时，选定的夹点将保持原状，不会因为拉伸而变形。文字、块、直线中点、圆心和点对象上的夹点将移动而不是拉伸。

3.6.5 对象特性编辑

对对象的属性进行修改，能够直观、准确、快捷地对目标对象进行编辑。

“特性”启动命令的方式主要有以下 5 种。

●菜单栏：单击“修改”菜单栏中的“特性”命令。

●功能区：单击“特性”选项卡中右下角的箭头。

●命令行：输入“DDMODIFY”或“PROPERTIES”。

●工具栏：单击“标准”工具栏中的“特性”按钮。

●快捷键：使用“Ctrl +1”快捷键。

不同的对象在“特性”面板里显示的属性各不相同，要修改对象属性，直接调整属性对话框内的数值或选项即可。

3.6.6 对象特性匹配

“特性匹配”命令可将目标对象属性与原对象的属性进行匹配，使目标对象的属性与原对象一致，可以方便快捷地修改对象属性，并保持不同对象的属性相同，类似格式刷的功能。

启动命令及操作方式主要有以下 4 种。

●菜单栏：单击“修改”菜单栏中的“特性匹配”命令。

●功能区：单击“特性”选项卡中的“特性匹配”按钮。

●命令行：输入“MA”或“MATCHPROP”。

●工具栏：单击“标准”工具栏中的“特性匹配”按钮。

命令启动后，根据提示：选择源对象→选择目标对象或［设置（S）］设置中显示。

第 4 章　图层设置

AutoCAD 2018 中的图层是一个管理图形的工具，如透明且重叠的图纸，通过创建不同的图层来管理不同类型的图形对象，相同属性的对象可绘制在同一图层之上。如在园林规划设计图中，可创建植物、园路、建筑、水景等图层。0 图层为默认图层，这个图层不能删除或重命名。在绘图时，可以自己创建图层，绘制的图像一定分布在某个图层上，在一个图形文件中，图层的数量是不受限制的。

每个图层都可以有自己的颜色、线型、线宽等特性，每个图层可单独编辑，这样便可轻松区分不同的图形对象。图层还具备打开/关闭、冻结/解冻、加锁/解锁、设置颜色、线型、线宽等管理功能。

4.1　建立图层和重命名图层

4.1.1　新建图层

新建图层，可将同一类型的图形指定在同一个图层中，建立图层的执行方式有：

●菜单栏：单击“格式”→“图层”命令。

●命令行：输入“LA”或“LAYER”。

●工具栏：单击“工具栏”中的图层特性按钮。

执行上述命令后，打开“图层特性管理器”对话框（图 4 - 1）。单击该对话框中“新建图层”按钮，对话框中出现名为“图层 1”的新图层，按照相同方法可再创建一个“图层 2”（图 4 - 2）。

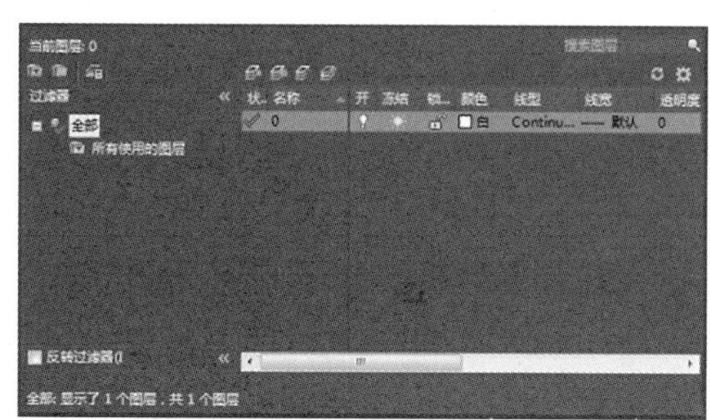

图 4 - 1　“图层特性管理器”对话框

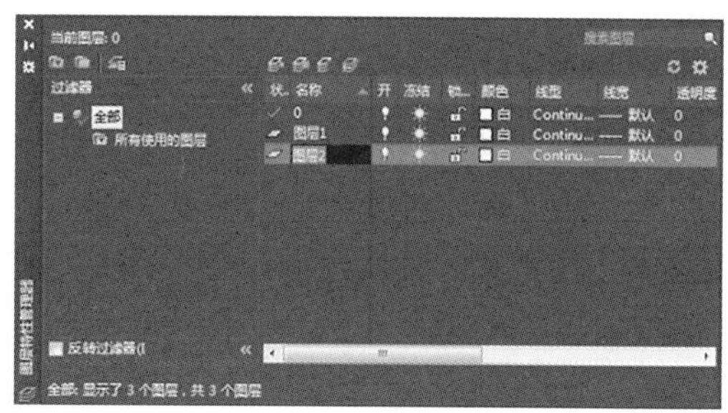

图 4 - 2 新建图层

4.1.2　重命名图层

重命名图层，操作方式如下：

点击需要重命名的图层，按 F2 键可重新输入名字，也可以双击需修改的图层名称，输入新名字即可，如输入“标注”“文字”，然后回车即可完成修改，如图 4 - 3 所示。

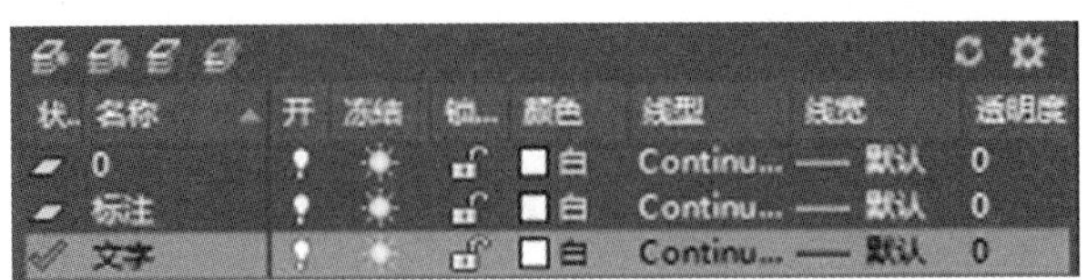

图 4－3　重命名图层

4.2　图层特性设置

图层特性有：颜色、线型、线宽等，如图 4－1 所示。

4.2.1　设置图层颜色

不同的图层设为不同的颜色，可以直观地区分不同图层，有利于绘图。AutoCAD 2018 中图层默认颜色为白色，在重新设置颜色时，可使用“索引颜色”“真彩色”“配色系统” 3 种颜色模式。

操作方式如下：单击颜色按钮 □ 白，弹出“选择颜色”对话框。选择“红”色，点去“确定”，如图 4－4 所示。“真彩色”与“配色系统”也相应显示为“红”色，如图 4－5、4－6 所示。

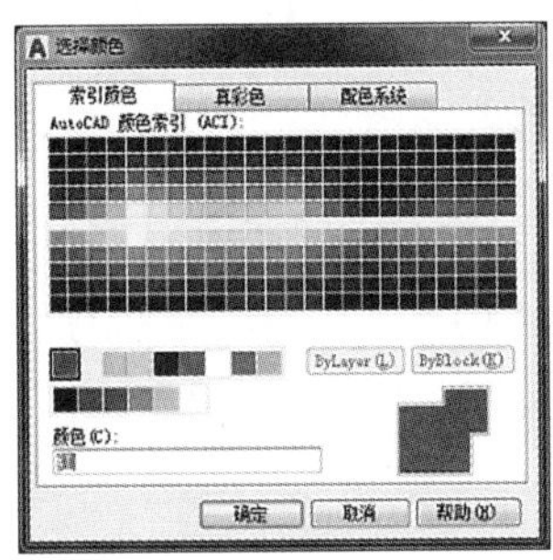

图 4－4　索引颜色

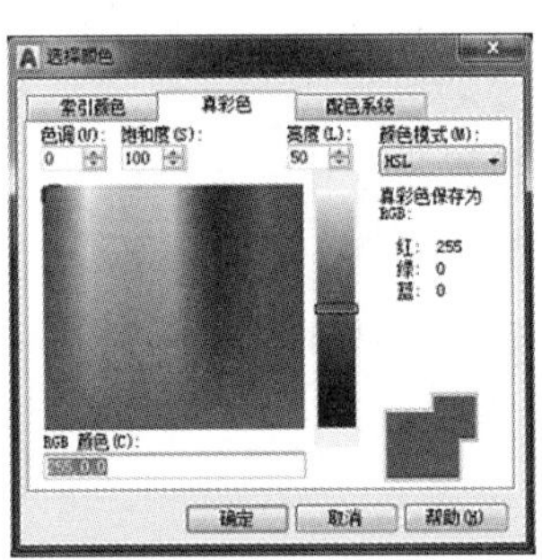

图 4－5　真彩色

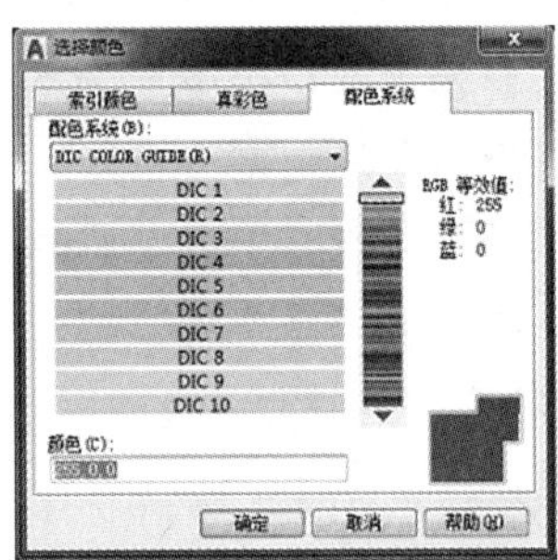

图 4－6　配色系统

4.2.2　设置图层线型

在“图层特性管理器”对话框中，选择需要修改的图层，点击线型选项，打开“选择线型”对话框，选择所需线型点击“确定”，如图 4－7 所示。如需更多线型，点击“加载”，可获得更多线型选项，选择所需线型，点击“确定”即可将线型加载至“加载或重载线型”对话框中，如图 4－8 所示。

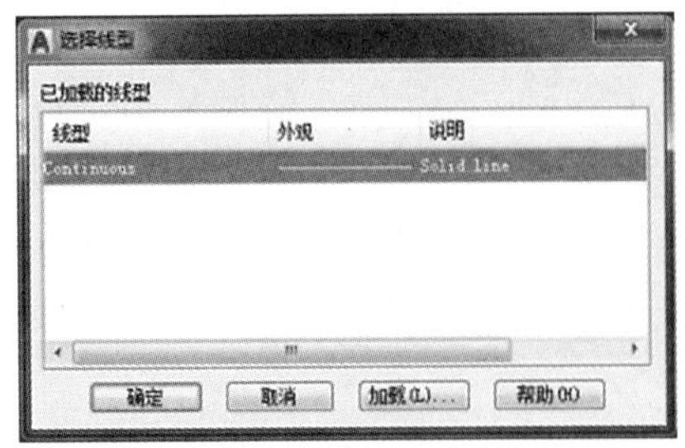

图 4－7　“选择线型”对话框

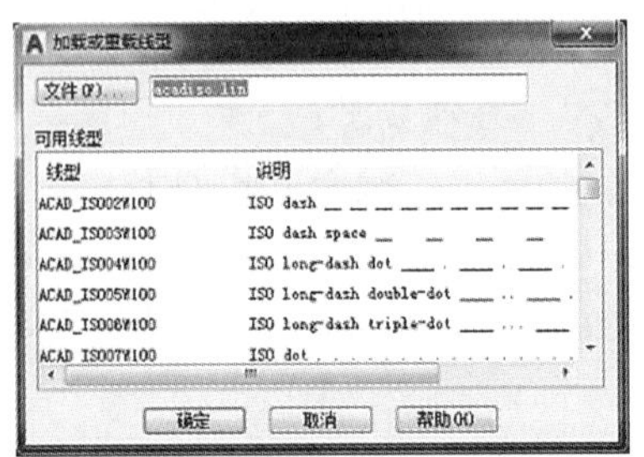

图 4－8　“加载或重载线型”对话框

4.2.3 设置图层线宽

打开“图层特性管理器”对话框，选择图层，点击“线宽”图标，可打开“线宽”对话框（图4-9），可根据需要设置线的宽度。线宽设置完毕，即不会随着图形的放大缩小而变化。在屏幕显示中，设置了线宽一定要打开该图层状态栏下面的“线宽显示”，否则显示的依然是默认的线宽。

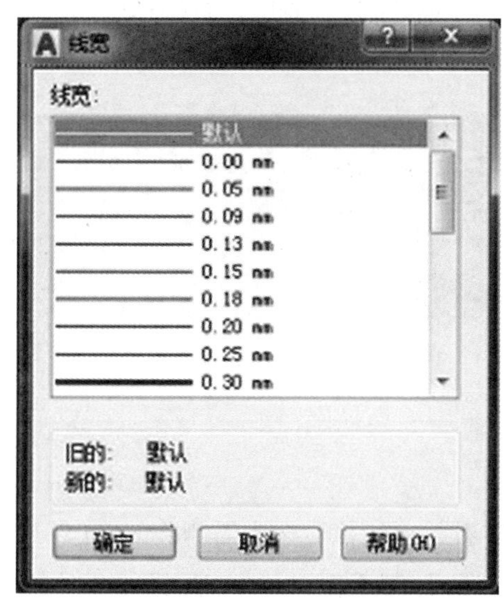

图4-9 “线宽”对话框

4.3 图层状态操作

图层状态操作包括“打开”/“关闭”图层、“冻结”/“解冻”图层与“锁定”/“解锁”图层。

4.3.1 “打开”/“关闭”图层

打开“图层特性管理器”对话框，单击图标，可控制图层是否可见。灯亮为“打开”，可显示图层内容；灯暗为“关闭”，图层内容不可见，也不能被打印、输出。

4.3.2 “冻结”/“解冻”图层

打开“图层特性管理器”对话框，单击图标，可控制图层是否冻结。当显示灰色时，图层“冻结”，图层上的图形对象不能显示，也不能编辑修改，不能打印，但其他图层不受影响，可正常显示和打印。当图标为亮色时，图层“解冻”。

4.3.3 “锁定”/“解锁”图层

打开“图层特性管理器”对话框，单击图标，可控制图层是否锁定。图标呈时，图层锁定，图层上的内容可正常显示也可打印输出，但图层无法进行编辑，以避免图层被意外修改。

4.3.4 切换“当前图层”

如需在某个图层进行绘图，需要先将该图层设为“当前图层”，操作方式主要有以下4种。

●打开“图层特性管理器”对话框，点选需置为当前的图层，单击状态栏下方的图标，由▱变成✓时，置为当前操作成功。

●打开“图层特性管理器”对话框，选中需置为当前的图层，用右键单击“置为当前”。

●打开“图层特性管理器”对话框，直接双击需置为当前的图层即可。

●在工具栏中，图层设置面板下拉列表中，直接选中图层名字，则该图层被置为当前（图 4－10）。

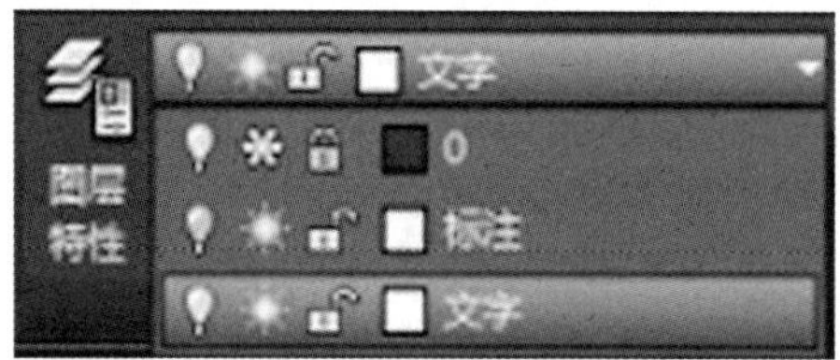

图 4－10　图层置为当前

4.3.5　删除图层操作

方式主要有以下 2 种：

●打开“图层特性管理器”对话框，选中需删除的图层，点击图标，即可删除。

●打开“图层特性管理器”对话框，选中需删除的图层，用右键单击“删除图层”即可（图 4－11）。

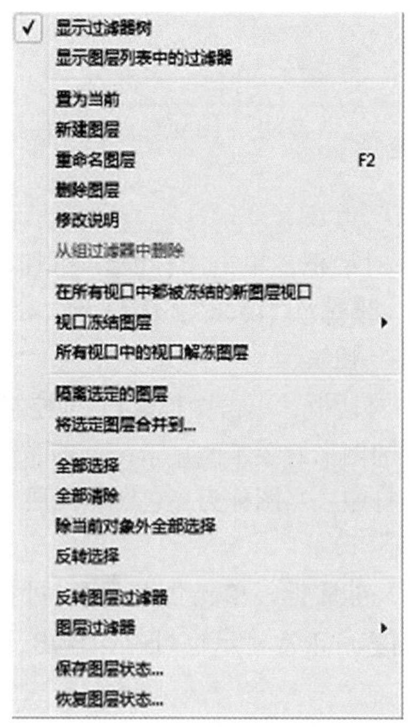

图 4－11　“图层特性管理器”对话框

注意：0图层、DEFPOINTS、当前图层、包含对象（包括块定义中的图像）的图层、依赖外部参照图层无法被删除（图4－12）。

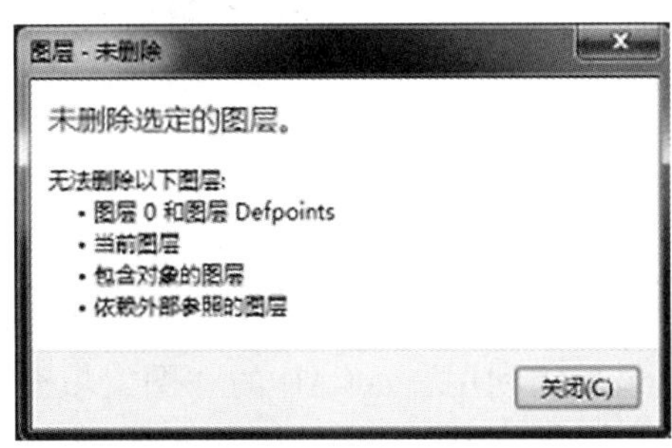

图4－12　“无法删除图层”对话框

4.3.6　图层打印设置

打开“图层特性管理器”对话框，单击图标，可设定该图层是否被打印。只有可见的图层可以被打印，被关闭或冻结的图层不能打印。

4.4　转移图层内容

AutoCAD 2018 绘图时，如果需要将某一图层的内容转移到另一图层时，可有以下2种操作方式。

●工具栏：选取某一图层上的图形，在工具栏图层设置下拉列表中，选中转移后的图层即可。

●命令行：“MA”/“MATCHPROP”通常称“格式刷”，先选择源对象，再输入命令，然后选择目标对象，即可实现把源对象的特性全部克隆到目标对象。

第5章　图案填充

5.1　图案填充作用

在园林设计中，最初绘制的图形都是线条状态，中间部分都是空白区域。为了表现图形中不同组成要素的区别，最后需利用AutoCAD的“图案填充”命令用图案来表达图形中的不同区域，以利区分。在实际绘图过程中，图案填充运用非常广泛且类型多样，不同的类型通常采用不同的图案来填充。除AutoCAD默认的填充图案以外，还可以根据用户本身的需要自定义图案。

5.1.1　创建图案填充

(1) 图案填充命令启动方式主要有4种方式

●菜单栏：单击“绘图”菜单栏中的“图案填充”命令。

●功能区：单击“绘图”选项卡中的“图案填充”按钮，右边的下拉三角可以选择“图案填充”“渐变色”或“边界”。

●命令行：输入“H”或“HATCH”。

●工具栏：单击“绘图”工具栏中的“图案填充”按钮。

在AutoCAD中，图案填充分为3种类型，分别是“图案填充”“渐变色”和“边界”，要注意的是，进行图案填充时，首先需要确定填充的区域，该区域必须是由线、多段线、圆弧等能够成为图案边界的对象闭合而成。如果填充的区域不闭合，系统便会弹出如图5－1所示的警告窗口。

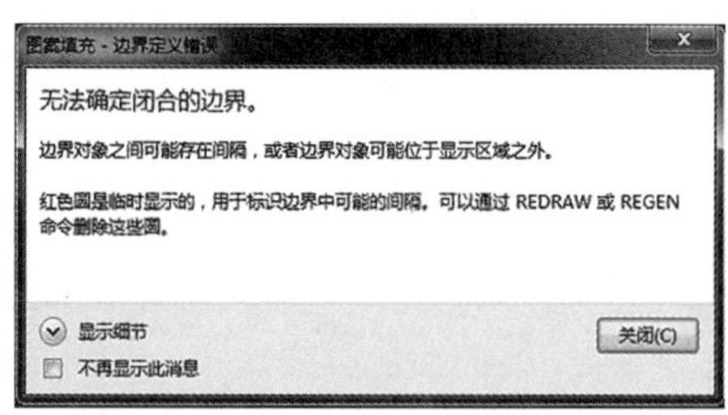

图5－1　图形不闭合图案填充警告

(2) 图案填充设置

执行图案填充命令后，根据提示：拾取内部点击［选择对象(S)/放弃(U)/设置(T)］，需要先对填充进行设置，输入“T”，系统弹出“图案填充和渐变色”对话框，如图5－2所示。

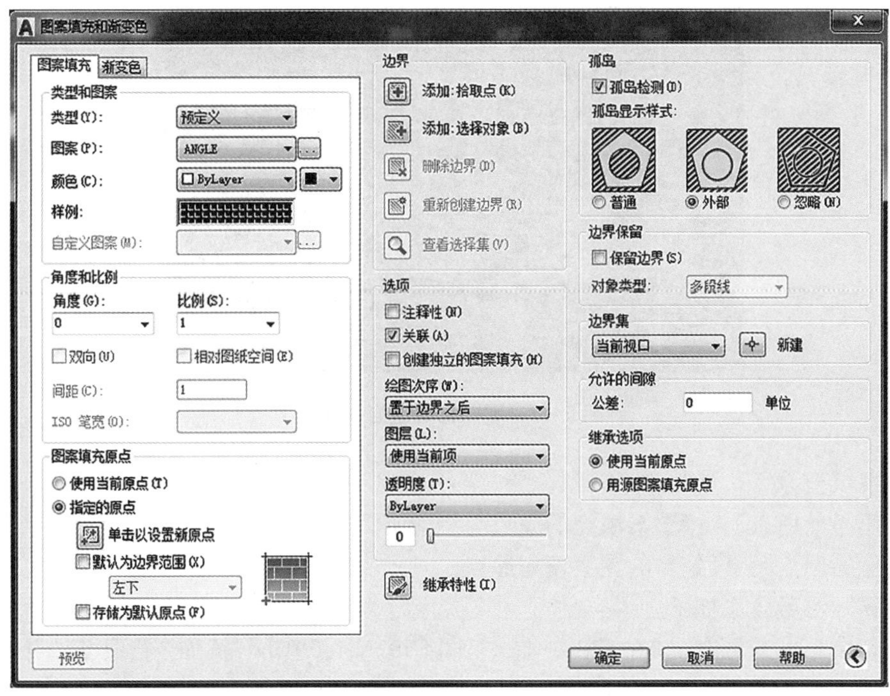

图 5－2　“图案填充和渐变色”对话框

此对话框中包括“图案填充”和“渐变色”两种类型，每种类型下面的选项各不相同。以下详细介绍图案填充设置各项含义。

“类型和图案”含义如下。

“类型”：包括三种，预定义、用户定义与自定义。

“图案”：指填充的图案，只有当类型为预定义时，图案选项才可用。

“样例”：图案的预览样式，此项下面包含 ANSI、ISO、其他预定义及自定义 4 种类型。其中“ANSI”是美国国家标准化填充图案，包括 8 种；“ISO”为国际标准化填充图案，有 14 种；“其他预定义”是 AutoCAD 提供的填充图案，共有 61 种；“自定义”则是用户自己定制的填充图案。

“角度和比例”参数含义如下。

“角度”：指图案旋转的角度。

“比例”：填充图案的大小，只有将“类型”设为“预定义”或“自定义”时，此项可用。

注意：在进行图案填充时，如果出现提示“填充图案过密或短划尺寸过小”，表示比例设置过小；如果出现提示“填充图案过稀或无法对边界进行图案填充”，表示比例设置过大。需要调整填充比例以达到合理的填充效果，如图 5－3 所示。

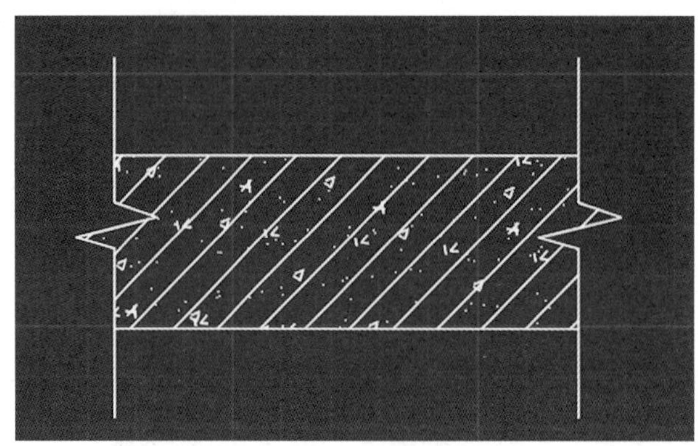

图 5-3　填充比例适当的图案

“图案填充原点”参数含义如下。

“使用当前原点”：指图案填充的原点与当前 UCS 坐标系一致。

“指定的原点”：设定新的图案填充原点。

“边界”参数含义如下。

“拾取点”：设定图案填充的范围。在进行图案填充时，单击“添加：拾取点”可返回绘图窗口，此时可选择需要填充的一闭合区域。如该区域不闭合，则会弹出错误提示信息。

“选择对象”：通过选择边界对象的方式来确定填充范围。在进行图案填充时，单击“添加：选择对象”时可返回绘图窗口，此时用左键单击区域边界来确定填充的边界范围。

“选项”参数含义如下。

“关联”：用于设定填充图案是否具有关联性。如果选择“关联”填充，在编辑图案填充时，图案会自动随着边界的变化而做出相应改变；如果选择“非关联”填充，则图案填充不会随着边界的变化而变化，如图 5-4 所示。

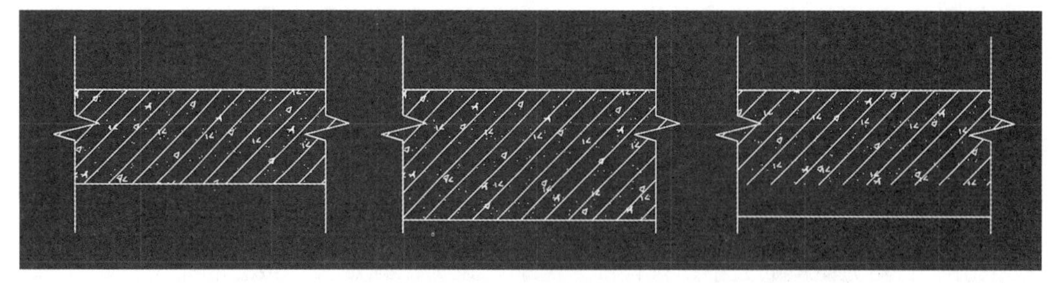

a 原填充图案　　b 关联填充图案　　c 非关联填充图案

图 5-4　关联选项对图案填充的影响

“绘图次序”：用于控制图案填充的显示层次。在下拉列表中，有“不指定”“后置”“前置”“置于边界之后”及“置于边界之前”等多个选项，该选项系统默认为“置于边界之前”。

“孤岛”：在 AutoCAD 中，位于填充范围内的其他封闭区域称之为孤岛，该选项用于设置孤岛填充模式。单击“图案填充和渐变色”对话框右下角的“⊙”按钮，可显示孤岛选项。孤岛共有 3 种填充模式：普通、外部及忽略，默认为普通模式。

普通模式用于从外部边界向内部边界进行图案填充，遇到孤岛，填充关闭，直到遇到孤岛中的另一个孤岛。

外部模式用于从外边界向内填充并在下一个边界处停止，只填充选定区域，不影响内部孤岛。

忽略模式则能够忽略所有的内部边界并将图案填满整个闭合区域。

“边界保留”参数含义如下。

“保留边界”：在进行图案填充时将沿添加区域的边界创建一条多段线或面域。

“对象类型”：该选项只有在选择“保留边界”的情况下才可用，可将创建的填充边界的保留类型设置成面域或是多段线。

“继承选项”：用一个已使用的图案填充样式及特性来填充当前选中的边界。使用该选项时，需要单击“继承特性”按钮，返回绘图窗口指定已有的图案填充对象，则新创建的填充图案便会继承该指定图案类型、角度、比例及关联等特性。

5.1.2　渐变色设置

“颜色”：AutoCAD 2018 共提供了 9 种类型的单色、双色渐变填充图案。单色是由深到浅平滑过渡的单一颜色填充图案；双色是使用两种颜色进行填充，从一种颜色到另一种颜色进行过渡的效果。

“方向”：用来指定渐变颜色和显示的方向，包括居中和角度两个选项。其中，居中用于创建均匀渐变；角度用于设置渐变色角度。

在园林设计中，渐变色填充通常用于玻璃墙、水体等图形的填充。

5.1.3　边界设置

边界是在闭合的区域内创建面域或多段线。

启动方式主要有以下 3 种。

- 菜单栏：单击“绘图”菜单栏中的“边界”命令。
- 功能区：单击“绘图”选项卡中的“图案填充”下拉菜单中的“边界”按钮。
- 命令行：输入“BOUNDARY”。

按上述方式执行命令后，弹出如图 5－5 所示对话框。

图 5－5　“边界创建”对话框

“边界”选项卡各参数含义如下。

“孤岛检测”：设定是否进行孤岛检测。

“对象类型”：选择创建对象的类型，包括多段线或面域。

“边界集”：选择创建边界时，系统检测的范围。设定检测当前视口还是所有对象。

5.1.4　图案填充示例

（1）树池剖面填充示例如图 5 -6 所示。通过这一练习应掌握图案填充的基本操作，填充范围的确定中“拾取点”的选取、“选择对象”的选取，选用的图案比例和角度的设定，图案填充是否关联等。

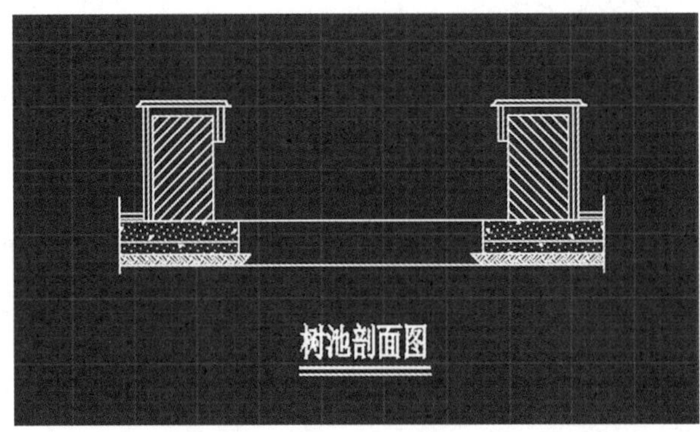

图 5 -6　树池剖面填充示例

（2）小花园总平图填充示例如图 5 -7 所示。通过这一练习应掌握图案填充与渐变色填充的区别及叠加，掌握继承特性的使用，水体渐变色填充的设置等。

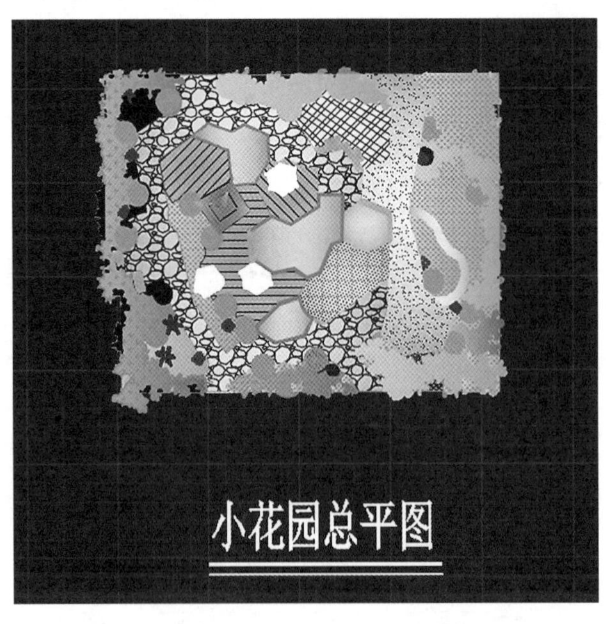

图 5 -7　小花园总平图填充示例

5.2 编辑图案填充

图案填充后，若对其效果不满意，还可以对填充图案进行修改。另外，当绘制的图形较大且填充图案面积较多时，会影响查看效果，可以将填充图案进行隐藏。

在完成了图案填充后，有时会对图案填充进行修改，这需要启动填充编辑命令。启动图案填充编辑的方法有以下 3 种。

●菜单栏：单击“修改”→“对象”→“图案填充”命令。

●工具栏：单击“修改 II”工具栏中的“编辑图案填充”按钮。

●点选已填充图案，功能区会转到“图案填充编辑器”。

编辑“图案填充”的操作方式与创建方式基本一致。

第6章 图 块

图块是一个或多个对象组成的对象集合，常用于绘制复杂、重复的图形。一旦对象组合成块，就可以根据绘制需要将这组对象插入到图中任意指定位置，同时可在插入过程中对其进行缩放和旋转。这样可以避免重复绘制图形，节省绘图时间，提高工作效率。

6.1 创建图块

创建图块就是将已有的图形对象定义为图块的过程，可将一个或多个图形对象定义为一个图块。块可分为内部块和外部块。在绘图过程中直接定义的块属于内部块；将块定义为一个图形文件，可以在绘图过程中直接插入使用的块为外部块。

6.1.1 创建内部图块

所谓内部图块是指使用创建命令创建的图块，内部图块是跟随定义它的图形文件一起保存的，储存在图形文件内部，因此该图块只能在当前图形中使用，不能被其他图形文件调用。

启动创建内部图块的方法有以下4种。

●菜单栏：单击“绘图”菜单栏中“块”中的“创建块”命令。

●功能区：单击“默认”选项卡中“块”中的“创建块”按钮。

●命令行：输入“B”或“BLOCK”。

●工具栏：单击“工具栏”选项卡中的“创建块”按钮

实例演示：创建内部块。

①打开一个植物图例，如图6-1所示。

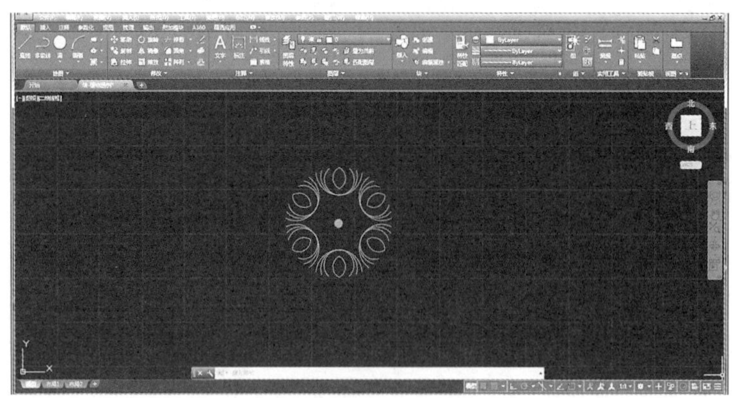

图6-1 植物图例.dwg文件

②在“绘图”选项卡中，单击“块”中的“创建块”命令，在弹出的“块定义”对话框的“名称”文本框中输入块的名称：“植物”，如图6-2所示。

③单击“拾取点”按钮拾取图形某一点，如图6-3所示，单击“选择对象”按钮

[icon]，将图形全选，然后单击“确定”，完成植物内部块的创建。

图 6－2 “块定义”对话框

图 6－3 设定“拾取点”

“块定义”对话框中常用选项的含义如下。

“名称”：用于输入和选择块的名称，例如，本次块命名为“植物”。

“拾取点”：单击该按钮，系统切换到绘图窗口中拾取基点。

“选择对象”：单击该按钮，系统切换到绘图窗口中拾取创建块的对象。

“保留”：创建块后保留其源对象不变。

“转换为块”：创建块后将源对象转换为块。

“删除”：单选按钮，块创建后删除源对象。

“允许分解”复选框：勾选该选项，允许块被分解，不选则不能被分解。

6.1.2 创建外部块

外部图块是指利用 Wblock 命令定义的图块，它可以将选择对象保存为 DWG 格式的外部图块，外部图块相当于一个普通的 AutoCAD 图形，它不仅可以作为图块插入到当前图形中，还可以被打开和编辑。

创建外部块的方法如下。

命令行：输入“W”或“WBLOCK”。

实例演示：创建外部块。

①打开植物图例文件，如图 6－4 所示。

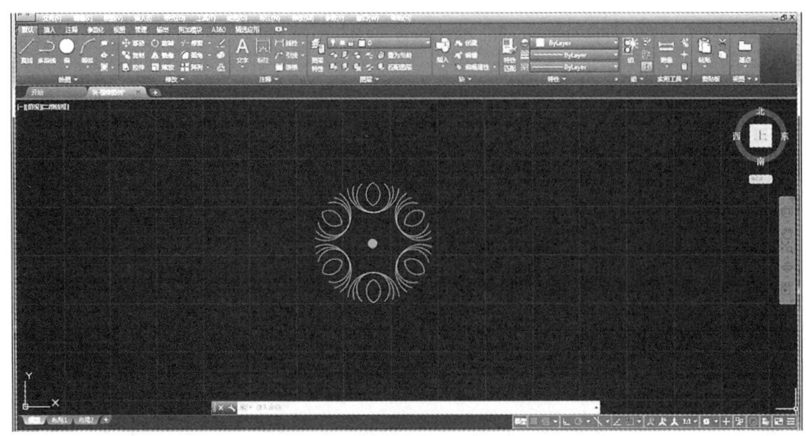

图 6－4　植物图例 . dwg 文件

②在命令行中输入“W”，弹出“写块”对话框，如图 6－5 所示。

图 6－5　“写块”对话框

③单击对话框中的“拾取点”按钮，拾取素材的中心任意一点，如图 6－6 所示。

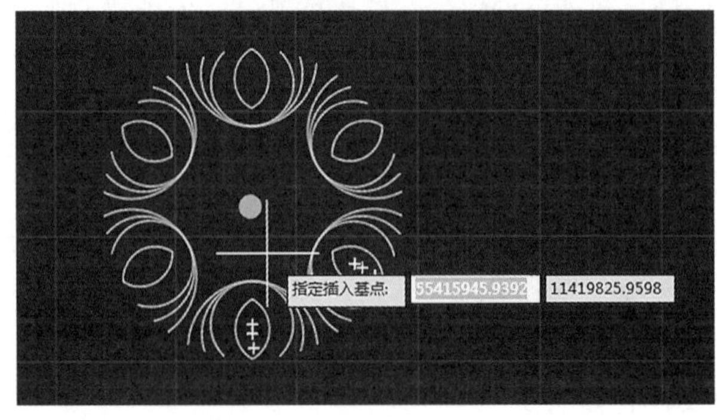

图 6－6　设定“拾取点”

④单击对话框中的“选择对象”按钮，选择对象，然后单击空格键。

⑤单击按钮，弹出“浏览图形文件”对话框，如图6-7所示，先选择外部块的保存路径，将外部块的名称改为“植物”。

图6-7 “浏览图形文件”对话框

⑥单击“保存”，返回“写块”对话框，然后单击“确定”，完成外部块的创建。

“写块”对话框中常用选项的含义如下。

“块”：将已定义好的块保存，可以在下拉列表中选择已有的内部块，如果当前文件中没有定义的块，该单选按钮不可用。

“整个图形”：将当前工作区中的全部图形保存为外部块。

“对象”：选择图形对象定义为外部块。该项为默认选项，一般情况下选择此项即可。

“从图形中删除”：将选择对象另存为文件后，从当前图形中删除它们。

“目标”：用于设置块的保存路径和块名。单击该选项组“文件名和路径”文本框右边的按钮可以在打开的对话框中选择保存路径。

6.2 插入图块

插入图块是指将定义的内部或外部图块插入到当前图形中，在绘图过程中并非插入的所有图块都完全符合用户的要求，此时就需要对插入的图块进行编辑。在绘制园林方案图时，想要简化制图过程，就要调用定义好的块。所以需要执行“插入”命令，插入块时可以调整所插入块的图形比例或旋转角度。

6.2.1 插入块

插入块的方法有如下4种。

●菜单栏：单击“插入”中的“块”命令。

●功能区：单击“插入”选项卡中，单击“块”中的“插入块”按钮。

●命令行：输入“I”或“INSERT”。

●工具栏：单击“工具栏”上的“插入块”按钮

弹出“插入”对话框，如果是内部块，可以直接在“名称”下拉列表中选择块的名称进行插入；如果是外部块，需要单击“浏览”，在打开的“选择图形文件”对话框中找到需要插入的外部块图形进行插入。

实例演示：插入块。

①打开一个绿化带的文件，如图 6－8 所示。

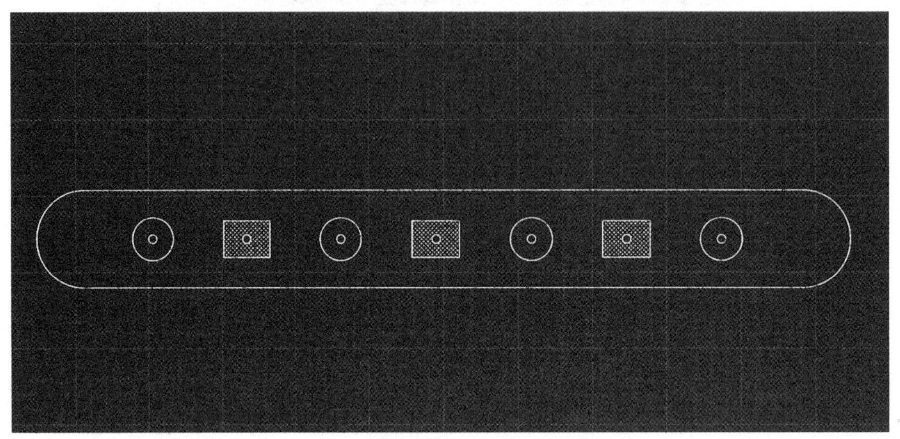

图 6－8　绿化带.dwg 文件

②点击“插入”中的“块”命令，弹出“插入”对话框，单击“名称”下拉列表，选择“植物”图块，如图 6－9 所示。

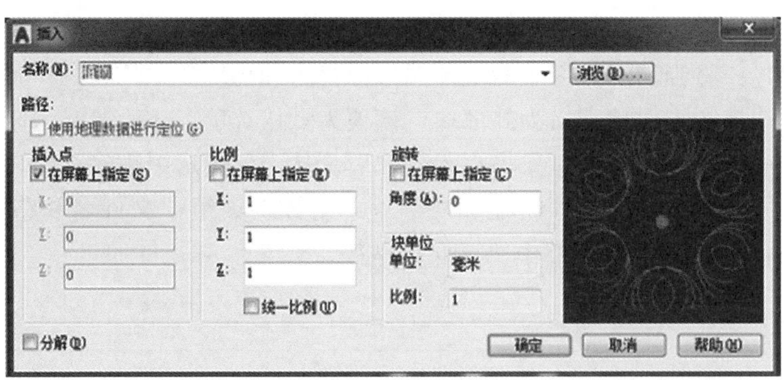

图 6－9　“插入”对话框

③单击“确定”，拾取“植物”图块应放置的位置，插入图块，插入结果如图 6－10 所示。

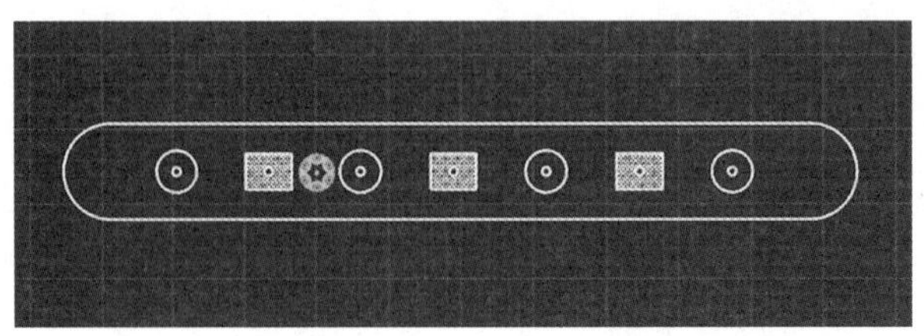

图 6－10　插入图块结果

④使用以上方法完成“植物”图块的插入，插入结果如图6－11所示。

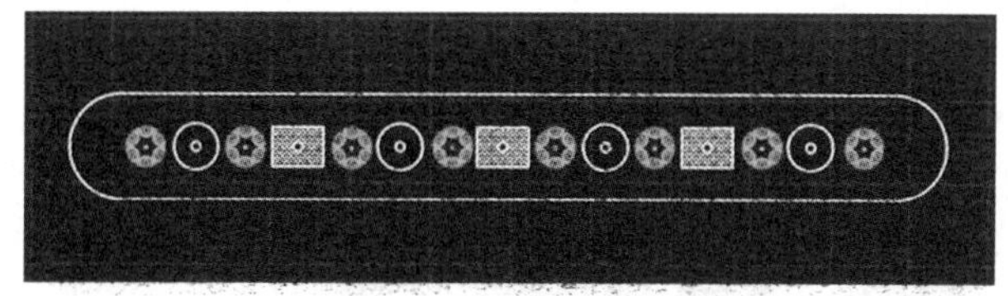

图6－11 插入完成结果

“插入块”命令提示内容含义如下。

“插入点”：指定块的插入基点位置，可以直接在X、Y、Z三个文本框中输入插入点的绝对坐标；更简单的方法是通过勾选“在屏幕上指定”复选框，用对象捕捉的方法在绘图区直接捕捉确定。

“比例”：指定插入块的缩放比例。可以直接在X、Y、Z三个文本框中输入三个方向上的缩放比例；也可以通过勾选“统一比例”复选框，则在X、Y、Z三个方向上的缩放比例相同。

“旋转”：指定插入块的旋转角度。可以直接在“角度”文本框中输入旋转角度值；也可以通过勾选“在屏幕上指定”复选框，在绘图区内动态确定旋转角度。

“分解”：设置是否在插入块的同时分解插入的块。

“插入”对话框中常用选项的含义如下。

“名称”：选择需要插入块的名称。当插入的块是外部块时，则需要单击其右侧的“浏览”，在弹出的对话框中选择外部块。

6.2.2 内部块等分

为了绘图更加方便快捷，还可以运用“定距等分”和“定数等分”命令，使用“内部块”来等分某些图形对象。

实例演示：定距等分。

打开在实例6－1演示的创建好的“植物”内部块的文件，使用“L”命令绘制一条长50m的道路，如图6－12所示。点击“绘图”中的“点”→“定距等分”命令。

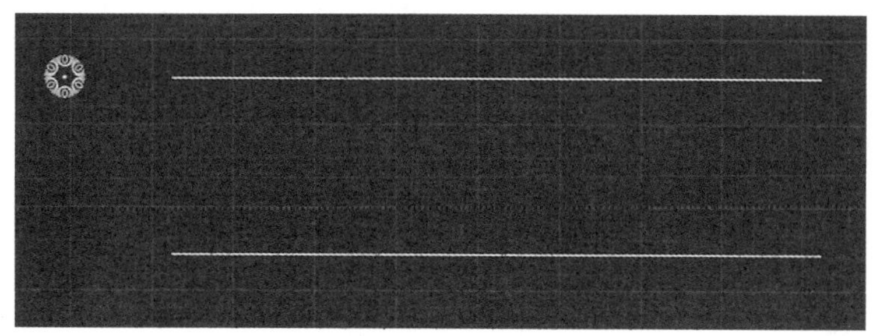

图6－12 绘制道路

命令：MEASURE 选择要定距等分的对象：　　　　//选择直线

MEASURE 指定线段长度或“块（B）”：　　　　//输入B

MEASURE 输入要插入的块名：　　　　//输入“植物”

MEASURE 是否对齐块和对象?“是(Y)否(N)” <Y>://回车
MEASURE 指定线段长度: //输入线段长度 10000
定距等分结果如图 6－13 所示。

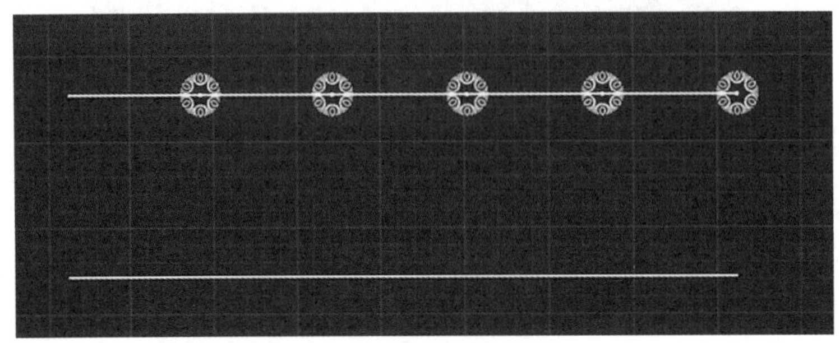

图 6－13　插入块定距等分

实例演示:定数等分。

沿用以上实例,在道路进行定数等分,点击“绘图”中的“点”→“定数等分”命令。定距等分结果如图 6－14 所示,上部为定距等分,下部为定数等分,分析一下这两个命令有什么异同点,在设计时如何使用。

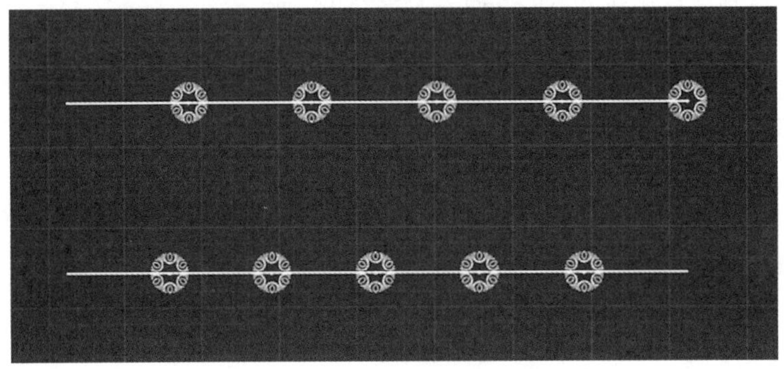

图 6－14　定数等分结果

命令:DIVIDE 选择要定数等分的对象: //选择直线
DIVIDE 输入线段数目或“块(B)”: //输入 B
DIVIDE 输入要插入的块名: //输入植物
是否对齐块和对象?“是(Y)否(N)” <Y>: //回车
DIVIDE 指定线段数目: //输入 6

6.3　图块属性

AutoCAD 中想让零散的构件形成一个整体,则可以采用的操作方法有创建块、写块及编组。但在创建块和写块方法中,对同一块名中的构件进行修改时,同一个文件中的所有相同块都会发生相同的变化,导致一个 CAD 文件中同一块名的构件只能出现一种形态,要么是 A,要么就是 B,不可能同时出现形态 A 和形态 B。如果想利用创建块或者写块操作命令后，在同一个块名中，能同时出现形态 A 和形态 B 的一个整体构件，如指图 6－15 所示的同一个块名的标高中、同一个块名的坡度中，同一个块名的轴号中，那么必须引入块的属性定义的概念。

图块属性就像是附在图块上的标签一样，包含了该图块中的各种信息。定义块属性能增加块在文件中插入、编辑、储存等系列操作中的方便性。

6.3.1 定义图块属性

图块属性需要先定义后才能使用，图块属性定义是在创建图块之前完成的。

创建块的方法有以下 2 种。

●菜单栏：点击“绘图”中的“块”→“定义属性”命令。

●命令行：输入“ATT”或“ATTDEF”。

图 6－15 “属性定义”对话框

“属性定义”对话框中常用选项的含义如下。

“模式”：指通过四项复选框选择设定属性模式。

“不可见”：指运用块的属性是不显示的。

“固定”：指运用块的属性显示固定格式。

“验证”：用于验证所输入的属性值是否正确。

“预设”：表示是否将属性值直接设置成它的默认值。

“锁定位置”：用于固定插入块的坐标位置，一般都默认选择此项。

“多行”：指使用多段文字来标注块的属性值。

“属性”：用来设置块的属性。

“标记”：表示属性的标签。

“提示”：指输入时提示用户的信息。

“默认”：文本框用于输入属性的默认值。

“插入点”：指设置属性的插入点。

“文字设置”：用于设置属性文字的格式。

“对正”：在其下拉菜单中包含了所有属性文字的文本对正类型。

“文字样式”：指属性文字的样式。

“文字高度”：指控制属性文字的高度。

“旋转”：可以控制属性文字的旋转角度。

6.3.2 编辑块的属性与修改

AutoCAD 中对块的编辑与修改主要包括块的分解和块的重定义两部分内容。块的属性设置后，如需要修改，可以通过“编辑属性”进行修改。

启动编辑修改命令的方法有如下 3 种。

●菜单栏：单击“修改”→“对象”→“属性”→“单个”命令。

●命令行：输入“EA”或“EATTEDIT”。

●鼠标左键双击块。

“增强属性编辑器”对话框中常用选项的含义如下。

“选择块”：用户可以使用定点设备从绘图区域选择块。

“块”：列出具有属性的当前图形中的所有块定义，可以从中选择要修改属性的块。

“属性”：可以修改模式及属性的特性。

“文字选项”：可以改变文字样式、高度、对齐方式等。

“特性”：可以改变属性的图层、颜色、线型等。

6.4 分解图块

要对图块进行编辑，必须将块分解成图形组件方可进行。启动图块分解的方式主要有 3 种。

●菜单栏：单击“修改”菜单栏中的“分解”命令。

●工具栏：单击“修改”工具栏中的“分解”按钮。

●命令行：输入“X”或“EXPLODE”。

注意：

①块是可以嵌套的，要分解一个嵌套的块到原始的对象，必须进行多次的分解，每次分解只会取消最后一次块定义。

②如果在创建块时，颜色和线型被设置成“随层”，插入块时，如有同名图层，则块中对象的颜色和线型将使用同名层所设置的颜色和线型。

③如果块在创建时颜色和线型被设置成“随块”，则它们在插入前没有明确的颜色和线型。

④带有属性的块在分解时，其原属性定义的值都将失去，属性定义重新显示为属性标记。

第 7 章　文字与表格

7.1　文　字

在制图过程中，文字标注是必不可少的环节，但 AutoCAD 创建和编辑文字的过程与一般的绘图命令有所不同，提供了“文字样式”功能，通过此功能首先设置文字样式然后建立文字，再进行文字的编辑和修改，或对已有的文字进行编辑修改。

AutoCAD 提供了两种文字输入方式：单行文字与多行文字，其命令不同，功能有差异，单行文字可适用于文字较少的情况；多行文字适用于文字较多的情况。

7.1.1　设置文字样式

文字样式是一组可随图形保存的文字设置的集合，包括文字字体类型、高度及其他特殊效果都是按照系统缺省的“标准”样式建立的，为了满足绘图需要，可以先定义需要的文字样式，对于已经定义好的文字样式也可以进行修改和编辑。

启动编辑文字样式的方法有 4 种。

●菜单栏：单击“格式”中的“文字样式”命令。

●功能区：单击“功能区”选项卡中的“注释”→“文字”右下角箭头，或者文字样式名称下拉菜单的“管理文字样式”。

●命令行：输入“ST”或“STYLE”。

●工具栏：单击“样式”工具栏中的“文字样式”。

“文字样式”对话框如图 7－1 所示。

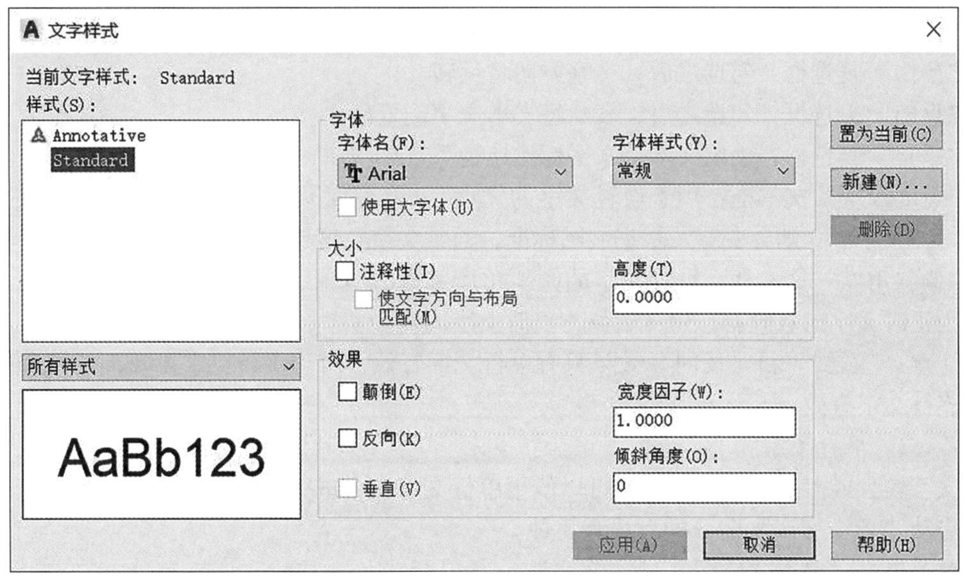

图 7－1　文字样式对话框

“文字样式”对话框中常用选项含义如下。

“样式”：显示所有可用的文字样式，默认文字样式为 Standard（标准）。单击右上角的“新建”“删除”按钮可以新建和删除文字样式。在园林制图中，如果当前图形所需的文字样式不能满足需要，则需新建文字样式。在“文字样式”对话框中单击“新建”按钮，打开“新建文字样式”对话框，如图 7-2 所示；输入新建的文字样式名单击“确定”按钮，再设置所需的字体、样式及效果，单击“应用”。

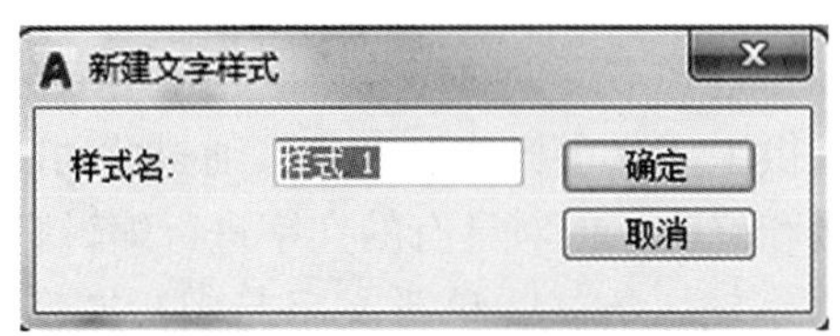

图 7-2　“新建文字样式”对话框

“字体名”下拉菜单：AutoCAD 2018 提供的指定文本的字体，在此菜单中显示了所有 AutoCAD 2018 可支持的字体，这些字体有以下两种类型。

①矢量字体：该字体由 AutoCAD 系统所提供，扩展名为“.shx”带有图标的字体。该类字体占用计算机资源较少，所以在文字较多的图形中最好使用该类字体进行文字与尺寸标注。其中“gbenor.shx”是正体的细西文字体，“gbcbig.shx”是中文字长仿宋体工程字体。

②标准字体：该字体由 Windows 系统所提供，扩展名为“.ttf”带有图标的 TrueType字体。该类字体是点位字体，会占用较多的计算机资源，所以文字较多的时候不宜使用；优点是字形美观、形式多样。

“高度”文本框：设置文字高度，控制文字的大小。如果文字样式中的高度为 0，每次创建单行文字时都提示用户输入文字高度；如果该项不为 0，则数值即为文字的高度。

“效果”选项组：可以设置字体的特殊效果。

“颠倒”复选框：勾选之后，文字方向将反转。

“反向”复选框：勾选之后，表示将文本文字倒置标注。

“垂直”复选框：确定文本是水平标注还是垂直标注。

“宽度因子”文本框：用于设置文字的宽度，1.0 是常规宽度，宽度小于 1.0 文字将会压缩，大于 1.0 则会变宽。根据制图标准，通常文字宽度比例一般设为 0.7。

“倾斜角度”文本框：设置文字的倾斜角度，输入范围为 -85 至 85 的角度值，角度数值为正时文字向右倾斜，角度数值为负时文字向左倾斜。

注意：“颠倒”和“反向”效果只有单行文字有效，对于多行文字无效，“倾斜角度”只对多行文字有效。

7.1.2　单行文字

文字较少或多行简短的文字，可以使用单行文字命令进行标注。

启动“单行文字”命令的方式有 3 种。

●菜单栏：单击“绘图”→“文字”→“单行文字”。

●命令行：输入“DT”或“TEXT”。

●功能区：在“默认”选项卡中，单击“注释”面板中的“单行文字”按钮A。

“单行文字”命令参数含义如下。

“文字的起点”：设置单行文字起始点，可用鼠标在屏幕上直接点取。

“指定文字高度”：设置单行文字的高度。尖括号中的数值为当前使用的数值，如需新设，则直接输入数值即可。

“指定文字的旋转角度”：指定单行文字的旋转角度。

“对正”：以基线端点指定文字高度和方向。选项有左（L）、中（C）、右（R）、对齐（A）、中间（M）、布满（F）、左上（TL）、中上（TC）、右上（TR）、左中（ML）、正中（MC）、右中（MR）、左下（BL）、中下（BC）、右下（BR）。

“样式”用于设置文字样式。

7.1.3　多行文字

启动多行文字命令后，根据提示指定第一个角点，然后再指定对角点，此时形成一个矩形的文本框，并自动转到“文字编辑器”功能，见图7－3所示。编辑器包括一个文字格式工具栏和一个右键快捷菜单。用户可以在编辑器中输入和编辑多行文字，包括设置字高、文字样式、颜色、倾斜角度以及间距等。当字数较多、字体变化复杂时通常用“多行文字”命令进行文字输入。多行文字输完后整体是一个文字对象，只能进行整体编辑。

图7－3　文字编辑器

启用“多行文字”命令的方法有4种。

●菜单栏：单击“绘图”→“文字”→“多行文字”命令。

●功能区：单击“功能区”选项卡中的“注释”→“多行文字”按钮A。

●命令行：输入“MT”或“MTEXT”。

●工具栏：单击“文字”工具栏中“多行文字”按钮A。

注意：利用“单行文字”命令也可以创建多行文字，与用“多行文字”命令创建的多行文字对象并不相同，前者的多行文字是多个独立的文字对象，编辑时需分别进行。如图7－4所示。

图7－4　创建多行文字（左为单行文字的选择　右为多行文字的选择）

7.1.4　文字编辑

文字创建完以后，可以对其进行编辑与修改。“文字编辑”命令对多行文字、单行文字及尺寸标注中的文字均适用。

启动“文字编辑”命令的方法有3种。

●菜单栏：单击“修改”→“对象”→“文字”→“编辑”。

●命令行：输入“ED”或“DDEDIT”。

●鼠标左键：双击文字内容。

除使用“文字编辑”命令修改文字对象外，还可以用“特性”选项板修改文字对象的字体、样式、高度、颜色等。

7.2 表 格

使用表格可以清晰、有条理地提供所需信息，常用于提供植物清单及图例等。在使用表格前，一般要对表格样式进行设置。

7.2.1 定义表格样式

表格样式是用来控制表格基本形状和间距的一组设置。和文字样式一样，所有AutoCAD图形中的表格都有和其相对应的表格样式。当插入表格对象时，AutoCAD使用当前设置的表格样式。模板文件acad. det和acadiso. dwt中定义了名为Standard的默认表格样式。

与定义文本类似，创建表格之前，需要设置表格的样式，并且可对其进行修改和编辑。启动“表格样式”命令的方法有4种。

●菜单栏：单击“格式”中的“表格样式”命令。

●功能区：单击“功能区”选项卡中的“注释”→“表格”右下角按钮，或者表格样式名称下拉菜单的“管理表格样式”。

●命令行：输入“TABLESTYLE”。

●工具栏：单击“样式”工具栏中的“表格样式”按钮。

启动“表格样式”命令后，弹出如图7－5所示对话框。

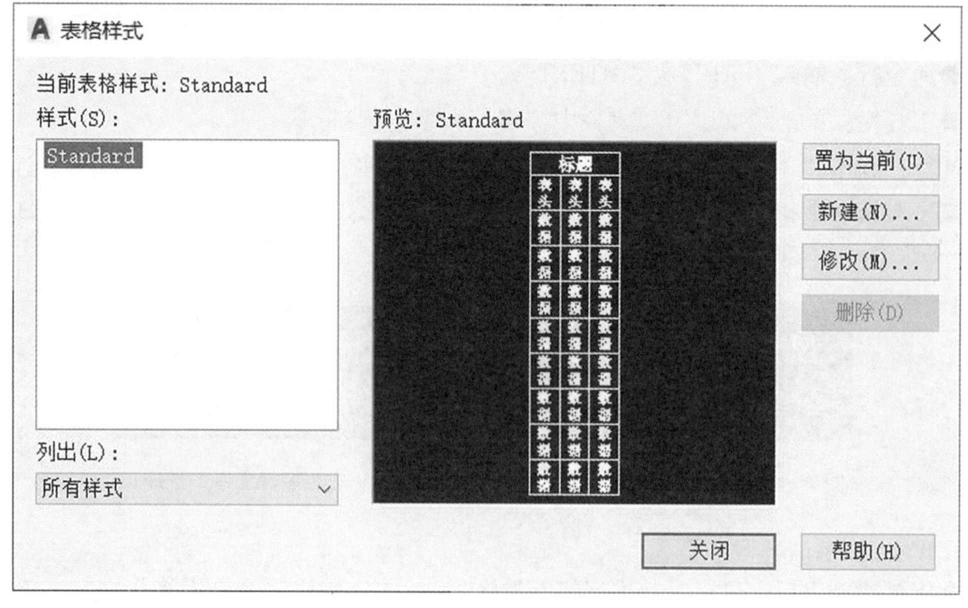

图7－5 “表格样式”对话框

“表格样式”命令选项内容如下。

“样式”复选框：显示所有可用的表格样式，默认文字样式为 Standard（标准）。单击右上角的“新建”“修改”“删除”按钮可以新建、编辑和删除文字样式。在园林制图中，如果当前图形所需的表格样式不能满足需要，则需新建表格样式。在“文字样式”对话框右侧单击“新建”按钮，打开“创建新的表格样式”对话框，如图 7－6 所示。基础样式可选择 Standard，点击“继续”后可对新建的表格样式进行设置，如图 7－7 所示。输入新建的表格样式名单击“确定”按钮，再设置所需的字体、样式及效果，单击“应用”按钮即可。

“常规”复选框：表格方向指的是表格是自上而下还是自下而上，一般选“向下”。

“单元样式”复选框：可以选择“标题”“表头”“数据”进行修改。常规选项中包含填充颜色、对齐方式、格式、数据、页边距的修改。文字选项中可以设定文字样式、文字高度、文字颜色、文字角度。边框选项可以设定边框线的线宽、线型、颜色等。这部分设置比较直观，在单元样式预览可以看到修改后的样式。

新建表格样式设置完之后点“确定”，在“表格样式”对话框中可以看到样式一栏多了新建的表格样式名称，且“删除”选项变得可以点击；将新建表格样式置为当前，此时，“删除”选项变灰，无法点击。

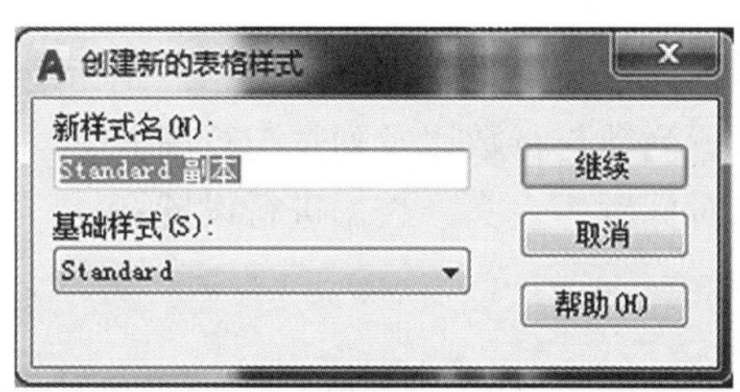

图 7－6　“创建新的表格样式”对话框

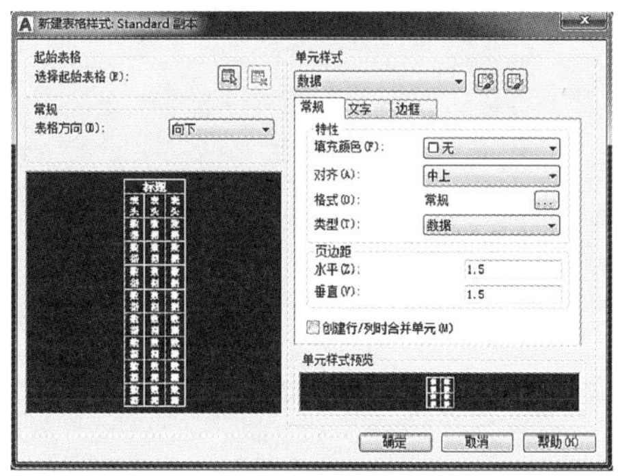

图 7－7　“修改表格样式”对话框

7.2.2　插入表格

表格样式设置完之后，可以直接插入表格使用。启动“插入表格”命令的方法有 3 种。

●菜单栏：单击“绘图”中的“表格”命令。

●功能区：单击“表格”选项卡中的按钮▦。

●命令行：输入“TB”或者“TABLE”。

命令启动后，弹出如图 7－8 所示对话框。

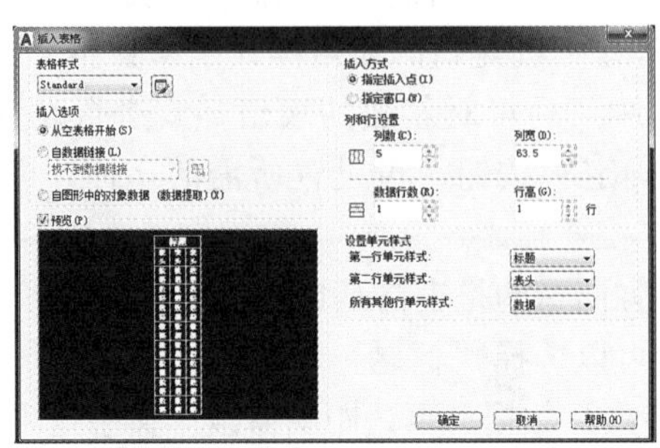

图 7－8　“插入表格”对话框

“插入表格”对话框命令选项含义如下。

“表格样式”复选框：选择所需的表格样式。

“插入选项”复选框：可以选择“从空表格开始”“自数据链接”“自图形中的对象数据”三个选项。

“插入方式”有两种插入方式：一是指定插入点，二是指定窗口。

“列和行设置”可以设置列数与行数以及列宽与行高。

“设置单元样式”可以对标题、表头、数据进行设置。

第 8 章　尺寸标注

尺寸标注常用于园林设计绘图，通过尺寸标注表示园林各种图形的尺寸和关系特征。一个完整的尺寸标注由尺寸线、尺寸界线、尺寸起止符和尺寸文字四部分构成。

组成尺寸标注的尺寸界线、尺寸线、尺寸文字及尺寸起止符可以采用多种多样的形式，实际标注一个几何对象的尺寸时，它的尺寸标注以什么形态出现，取决于当前所采用的尺寸标注样式。

在 AutoCAD 中用户可以利用“标注样式管理器”对话框方便地设置自己需要的尺寸标注样式。尺寸标注主要用于绘图中对图形内容的距离、角度、长宽等相关技术参数的标注，

下面介绍如何设定尺寸标注样式。

8.1　尺寸标注的组成和类型

8.1.1　尺寸标注的组成

标注样式决定尺寸标注的形式，包括尺寸线、尺寸界线、箭头和中心标记的形式，以及尺寸文本的位置、特性等。如图 8－1 所示。

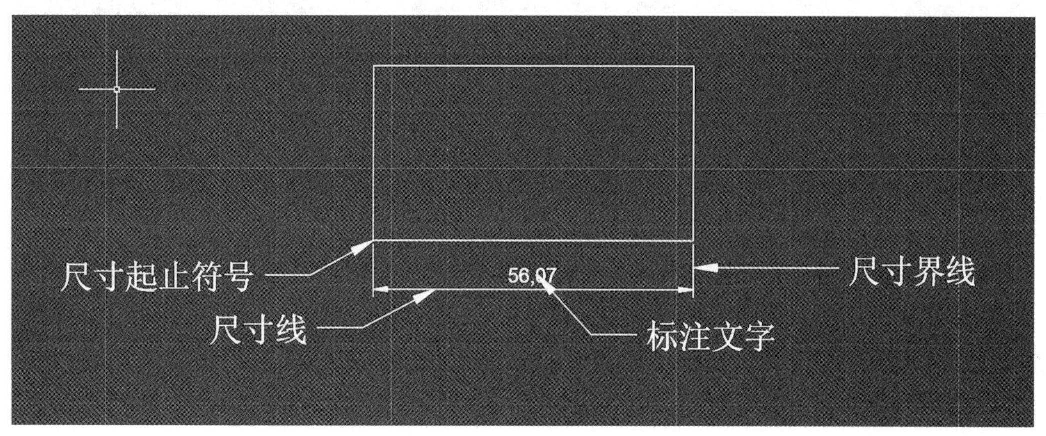

图 8－1　尺寸标注的组成

（1）尺寸线

尺寸线表明标注的范围。一般情况下，尺寸线是一条直线，对于角度标注，尺寸线是一段圆弧；尺寸线的末端通常有尺寸的起止符号（箭头），指出尺寸线的起点和端点。

（2）尺寸界线

尺寸界线从标注端点引出的标明标注范围的直线。尺寸界线可由图形轮廓线、轴线或对称中心线引出，也可直接利用轮廓线、轴线或对称中心线作为尺寸界线。

(3) 标注文字

标注文字标出图形的尺寸值。由 AutoCAD 自动计算出测量值，一般标在尺寸线的上方。

(4) 尺寸起止符号（如箭头）

尺寸的起止符号显示在尺寸线的末端，用于指出测量的开始和结束位置。AutoCAD 系统默认状态下使用闭合的填充箭头符号表示，同时，AutoCAD 还提供了多种符号可供选择，如建筑标记、点和斜杠等。

8.1.2 尺寸标注的类型

在园林施工图图纸的绘制中，应标注定形尺寸、定位尺寸、总尺寸 3 种尺寸，如图 8－2所示。

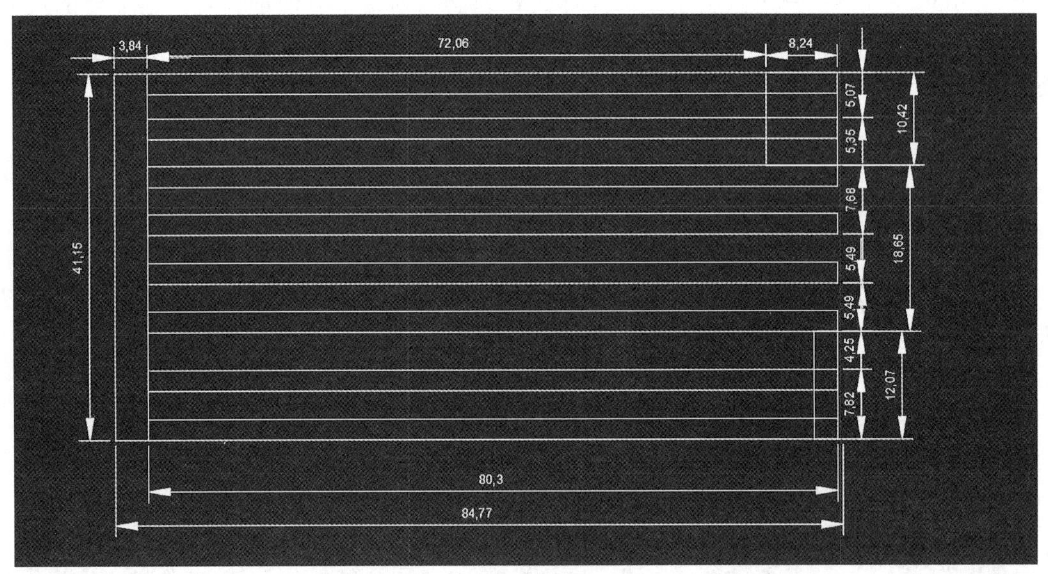

图 8－2 标注尺寸类型

(1) 定形尺寸

定形尺寸是确定组成建筑形体的各基本形体大小的尺寸。如图 8－2 所示，廊架的竖梁的宽度 41.15、横梁的宽度 80.30 属于定形尺寸。

(2) 定位尺寸

定位尺寸是确定各基本形体在建筑形体中的相对位置的尺寸。如图 8－2 所示，8.24、10.42、12.07、3.84 等均属于定位尺寸。

(3) 总尺寸

总尺寸是确定形体外形总长、总宽、总高的尺寸。如图 8－2 所示，41.15、84.77 属于总尺寸。

8.2 尺寸标注样式

标注样式（Dimension Style）用于控制标注的格式和外观，AutoCAD 中的标注均与一定的标注样式相关联，通过标注样式，用户可进行如下定义：

①尺寸线、尺寸界线的特性和位置。

②符号和箭头的大小及特性。

③标注文字的外观、位置。

④AutoCAD 放置文字和箭头的管理规则，调整全局比例。

⑤单位格式以及精度设置。

⑥主单位、换算单位和角度标注单位的格式和精度。

⑦公差值的格式和精度。

8.2.1　尺寸标注样式管理器简介

通常在进行尺寸标注之前，要新建尺寸标注的样式。如果用户不建立尺寸样式而直接进行标注，系统将使用默认名称为 Standard 的样式。用户如果认为使用的标注样式有某些设置不合适，也可以修改标注样式。在 AutoCAD 2018 中用户可通过“标注样式管理器(Dimension Style Manger)”来创建新的标注样式或对标注样式进行修改和管理。

8.2.2　设置尺寸标注样式

启动尺寸“标注样式管理器”的方法有 4 种。

●菜单栏：单击“格式”→“标注样式”命令。

●工具栏：单击“样式”工具栏中的“标注样式”按钮。

●命令行：输入“D”或“DIMSTYLE”。

●功能区：草图与注释模式下，在“默认”选项卡中，单击“注释”面板中的“标注样式”中的，或者标注样式名称下拉菜单的“管理标注样式”。

“标注样式管理器”对话框如图 8－3 所示。

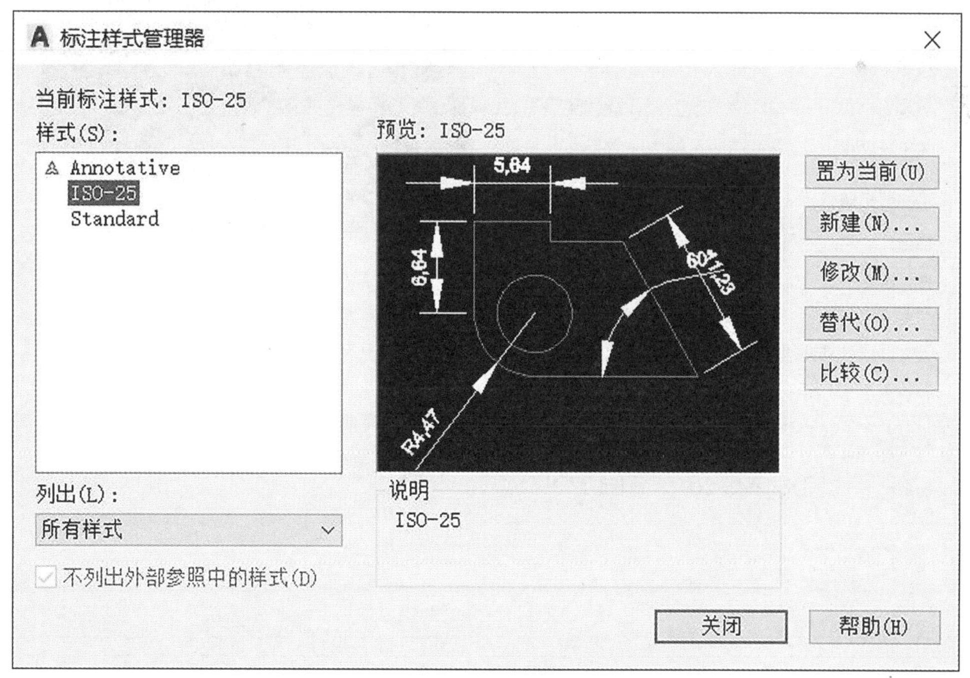

图 8－3　“标注样式管理器”对话框

“标注样式管理器”参数含义如下。

“置为当前”按钮：点击按钮，把在“样式”列表框中选中的样式设置为当前样式。

“新建”按钮：创建一个新的尺寸标注样式。单击后，弹出“创建新标注样式”对话框，可创建一个新的尺寸标注样式。

“修改”按钮：如果已有的标注样式无法满足需要，单击该按钮，弹出“修改标注样式”对话框，用户可以修改一个已存在的尺寸标注样式。

“替代”按钮：单击该按钮，弹出“新建标注样式”对话框，用户可改变各项的设置覆盖原来的设置，但这种修改只对制定的尺寸标注起作用，而不影响当前尺寸变量的设置，可临时覆盖尺寸标注样式。

“比较”按钮：比较两个尺寸标注样式在参数上的区别，或浏览一个尺寸标注样式的参数设置。单击该按钮，弹出“比较标注样式”对话框，可以把比较结果复制到剪贴板上，然后再粘贴到其他的 Windows 应用软件上。

绘图过程中有时不能一次性得到与图纸比例合适且符号样式准确的尺寸标注，需要进行尺寸样式的修改，下面对“新建标注样式”对话框中的主要选项卡进行简要说明。

(1)“线”选项卡

“线”选项卡主要用于设置尺寸线、尺寸界线的样式和参数，如图 8－4 所示。相关参数内容如下。

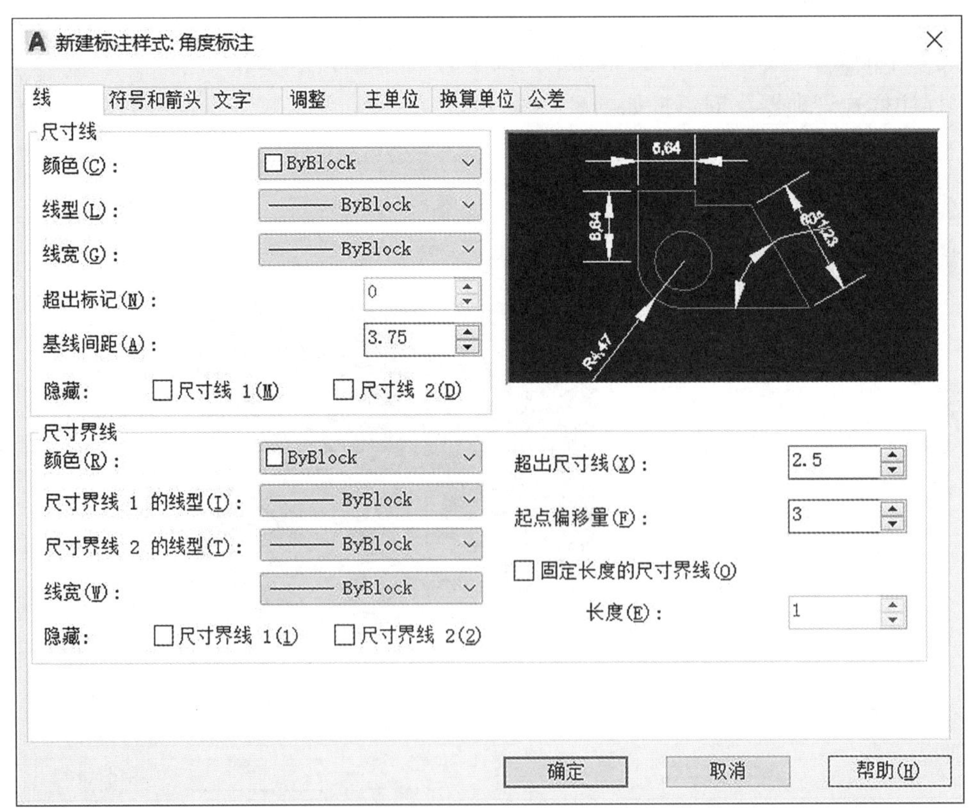

图 8－4　“线”选项卡

“尺寸线”选项组：用于设置尺寸线的特性及参数。

“颜色”：可以更改尺寸线的颜色，便于同其他图形区分。

“线型”：可以设置不同线型，适用于不同图形。

“线宽”：可以设置不同线宽。

“基线间距”：设置基线距离图形的距离，数值越大距离越大。

“隐藏”：可以对尺寸线进行显示与关闭。

“尺寸界线”选项组：用于确定延伸线的样式及参数。

“颜色”：可以更改尺寸界线的颜色，便于同其他图形区分。

“尺寸界线 1 的线型”：可以设置不同线型，适用于不同图形。

“尺寸界线 2 的线型”：可以设置不同线型，适用于不同图形。

“线宽”：可以设置不同线宽。

“隐藏”：可以对尺寸界线进行显示与关闭。

“超出尺寸线”：箭头超出尺寸线的长度。

“起点偏移量”：尺寸界线起点距离图形的长度。

（2）“符号和箭头”选项卡。

“符号和箭头”选项卡主要用于设置箭头、圆心标记、弧长符号和半径折弯标注的参数和特性，如图 8－5 所示。相关参数内容如下。

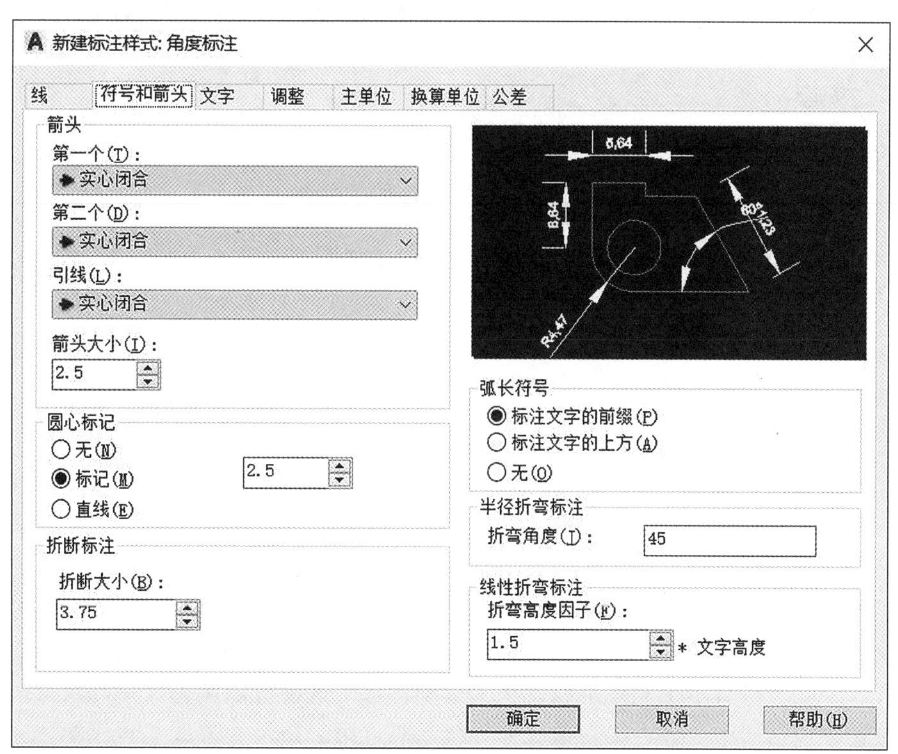

图 8－5　“符号和箭头”选项卡

“箭头”选项组：可以设置箭头以及引线的形式，设置箭头大小。

“圆心标记”选项组：用于设置半径标注、直径标注和中心标注中的中心标记和中心线的样式。

“弧长符号”对话框：控制弧长符号的显示位置。

“折断标注”对话框：控制折断标注的大小。

“半径折弯标注”对话框：控制折弯半径标注的显示。

“线性折弯标注”对话框：控制线性标注折弯的显示。

(3)“文字”选项卡

“文字”选项卡主要用于设置尺寸文本的特性、位置和对齐方式等，如图 8－6 所示。相关参数内容如下。

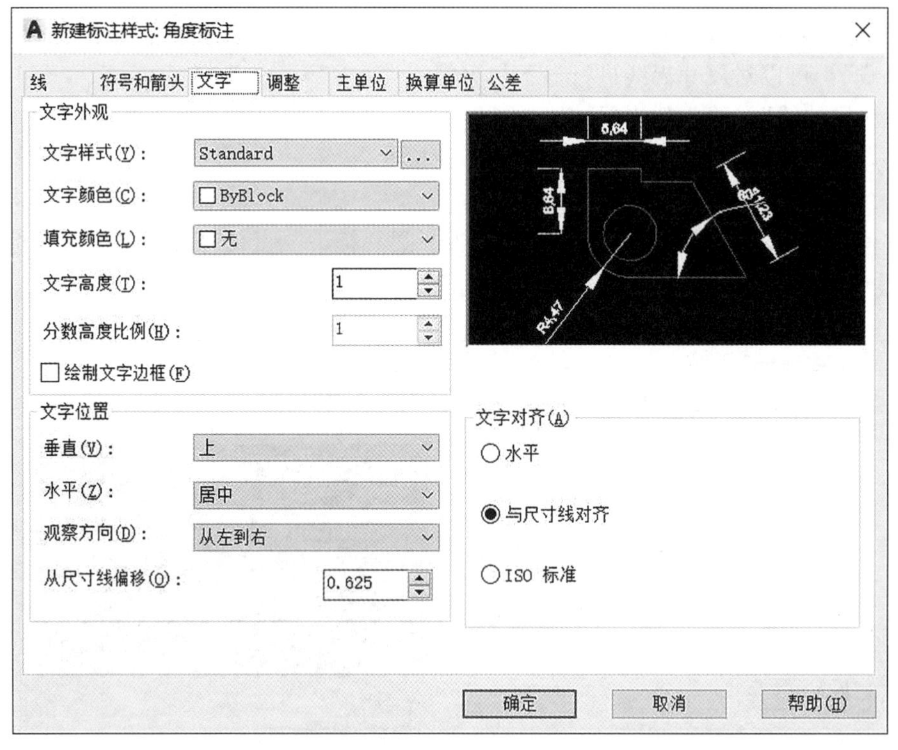

图 8－6　“文字”选项卡

“文字外观”选项组：可以设置文字的样式、颜色、填充颜色、高度、分数高度比例以及文字是否带边框。

“文字位置”选项组：可以设置文字的位置是垂直还是水平，与尺寸线、尺寸界线的位置以及距离尺寸线的长度。垂直选项可以调整文字与尺寸线在垂直方向的位置，包括中间、上方、外侧及按日本工业标准放置 4 个选项；水平选项可以调整文字与尺寸线在水平方向的位置，包括居中、靠近第一条尺寸界线、靠近第二条尺寸界线、置于第一条尺寸界线上方及置于第二条尺寸界线上方等。

“文字对齐”对话框：可以设置尺寸文本排列的方向，包括水平、与尺寸线对齐和 ISO 标准 3 个选项。

(4)“调整”选项卡

“调整”选项卡主要用于控制标注文字和箭头的放置、箭头、引线和尺寸线的位置及相互关系，包括调整选项、文字位置和标注比例特征等，如图 8－7 所示。相关参数内容如下。

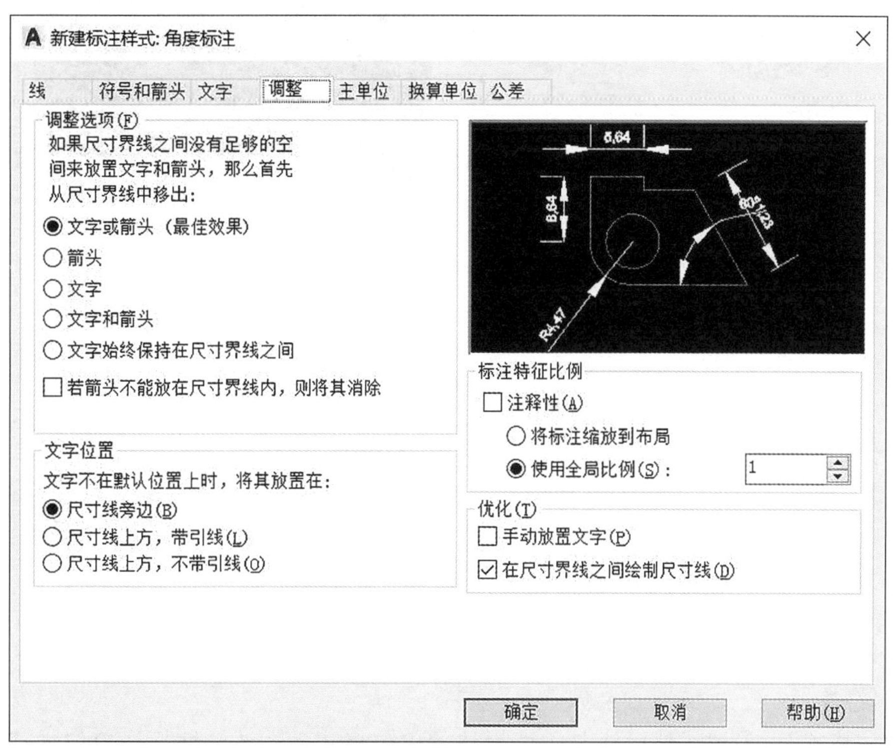

图 8－7　“调整”选项卡

“调整选项”选项组：根据尺寸界线之间的长度控制标注文字和箭头的位置，当两条尺寸界线之间的长度足够大时，AutoCAD 2018 将把文字和箭头放在尺寸界线之间；否则，将按列表中的选项移动文字或箭头。

“文字位置”选项组：设置标注文字的位置，标注文字的默认位置是位于两尺寸界线之间，当文字不在默认位置上时，可通过此处选择设置标注文字的放置位置，包括“尺寸线旁边”“尺寸线上方，带引线”“尺寸线上方，不带引线”3 个选项。

“标注特征比例”对话框：用于设置全局标注比例或打印图形的尺寸，包括“将标注缩放到布局”和“使用全局比例”。使用全局比例表示整个图形对象的尺寸比例，比例越大表示尺寸标注字体越大；将标注缩放到布局表示以相对于图纸布局比例来缩放尺寸标注。

(5)“主单位”选项卡

AutoCAD 2018 提供了多种方法设置标注单位的格式的“主单位”选项卡，可以设置单位类型、精度、分数格式和小数格式，还可以添加前缀和后缀，如图 8－8 所示。相关参数内容如下。

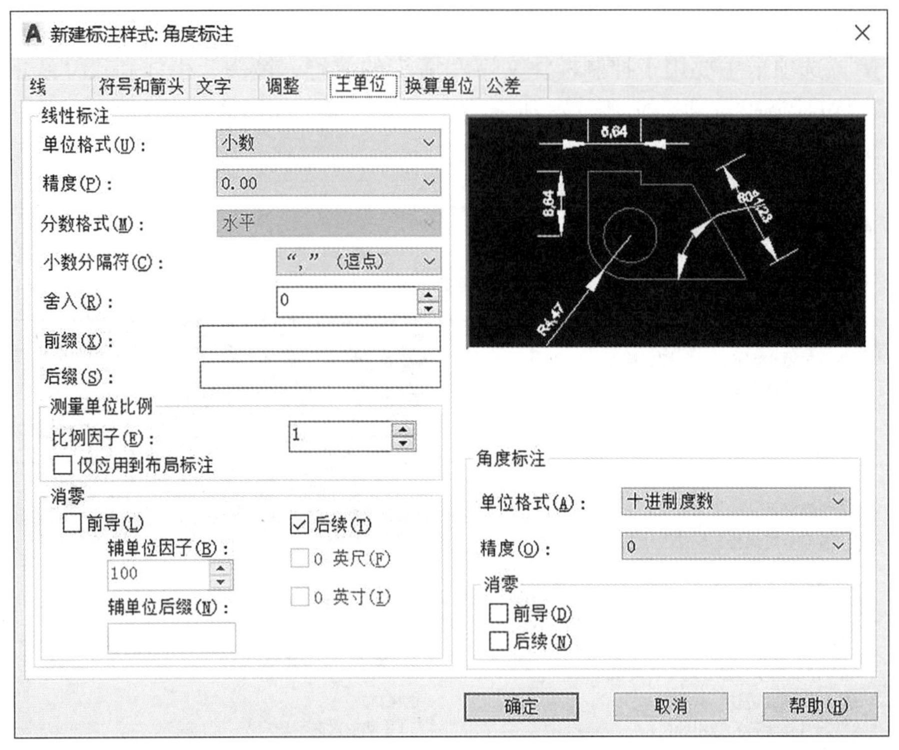

图 8-8　“主单位”选项卡

“线性标注”选项组：设置线性标注的格式和精度，包括单位格式、精度、分数格式、小数分隔符等。

“单位格式”：设置线性标注与角度标注的单位格式，默认线性标注单位为“小数”，角度标注单位格式为“十进制度数”。

“精度”：设置线性标注与角度标注的精度。默认线性标注为“0.0000”，角度标注为“0”。

“测量单位比例”选项组：可设置比例因子以及该比例因子是否仅应用到布局标注。

“消零”对话框：控制前导和后续的零是否输出。

“角度标注”对话框：设置角度标注的格式。角度标注设置方法和线性标注类似，可参考线性标注。

8.3　尺寸标注命令

AutoCAD 2018 提供了多种尺寸标注方法，以适用于不同的图形，在园林设计绘图中常用的有“线性标注”“对齐标注”“基线标注”“连续标注”“弧长标注”“半径标注”“直径标注”“角度标注”“快速标注”“圆心标注”等。

8.3.1　线性标注

线性标注设定标注图形的水平、垂直和旋转尺寸。

“线性标注”命令的启动方法有 4 种。

- 菜单栏：单击菜单栏中的“标注”→“线性”命令。
- 功能区：单击“功能区”选项卡中的“注释”→“标注”→“线性”按钮。

●命令行：输入“DLI”或“DIMLINERA”。

●工具栏：单击“标注”工具栏中的“线性”工具按钮。

命令启动后，按照提示：指定第一条尺寸界线原点或 <选择对象>→指定第二条尺寸界线原点→指定尺寸线位置或［多行文字（M）/文字（T）/角度（A）/水平（H）/垂直（V）/旋转（R）］。

线性标注示例如图8-9所示。

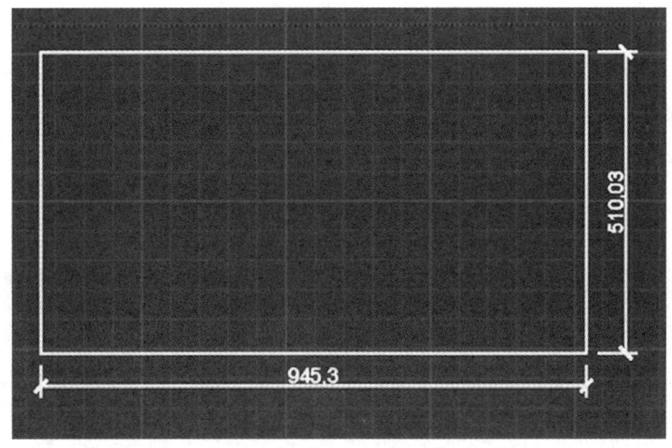

图8-9 线性标注示例

8.3.2 对齐标注

对齐标注可以标注倾斜方向两点之间的距离，尺寸线与两点之间的连续平行。

“对齐标注”命令的启动方法有4种。

●菜单栏：单击“标注”→“对齐”命令。

●功能区：单击“功能区”选项卡的“注释”→“标注”→“线性”按钮。

●命令行：输入“DAL”或“DIMALIGNED”。

●工具栏：单击“标注”工具栏中的“对齐”工具按钮。

命令启动后，根据提示：指定第一条尺寸界线原点或 <选择对象>→指定第二条尺寸界线原点→指定尺寸线位置或［多行文字（M）/文字（T）/角度（A）/］。对齐标注示例如图8-10所示。

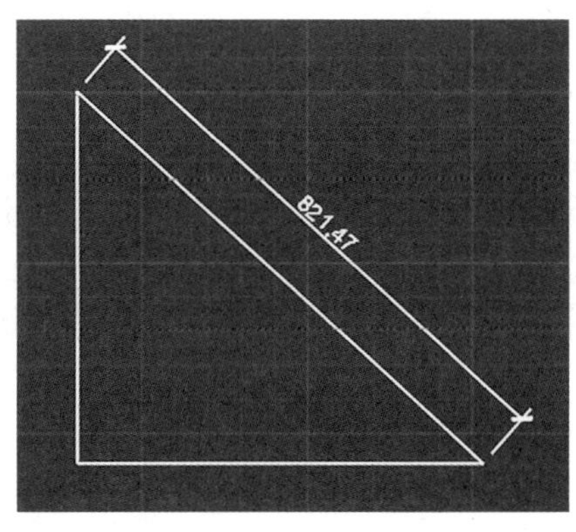

图8-10 对齐标注示例

8.3.3 基线标注

基线标注可以标注以同一基准组为起点的一组相关线性、坐标或角度标注。在执行基线标注命令时，必须要有基准标注。

“基线标注”命令的启动方法有4种。

●菜单栏：单击“标注”→“基线”命令。

●功能区：单击“功能区”选项卡中的“注释”→“标注”→“基线”按钮。

●命令行：输入“DBA”或“DIMBASELINE”。

●工具栏：单击“标注”工具栏中的“基线”按钮。

命令启动后，根据提示：指定第二个尺寸界线原点或［选择（S）/放弃（U）］，依次指定即可。AutoCAD 2018默认以最近的一个标注为基准标注，如果需选择其他的标注，可以输入“S（选择）”进行选择。基线标准示例如图8－11所示。

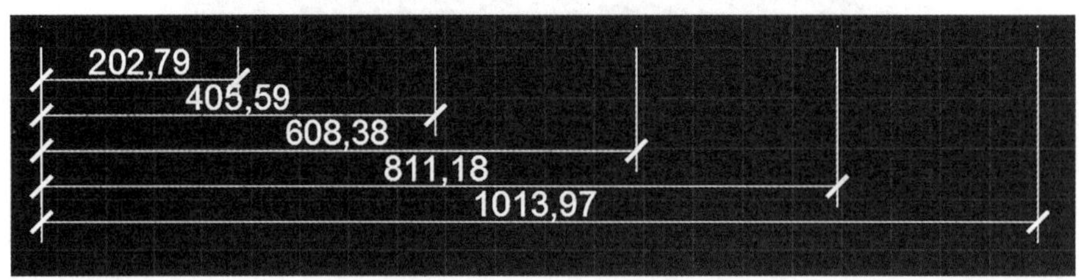

图8－11 基线标注示例

8.3.4 连续标注

连续标注可以标注一组连续的相关尺寸，标注时前一标注的终点即是后一标注的起点。

“连续标注”命令的启动方法有4种。

●菜单栏：单击“标注”→“连续”命令。

●功能区：单击“功能区”选项卡中的“注释”→“标注”→“连续”按钮。

●命令行：输入“DCO”或“DIMCONTINUE”。

●工具栏：单击“标注”工具栏中的“连续”按钮。

命令启动后，根据提示：指定第二个尺寸界线原点或［选择（S）/放弃（U）］，依次指定即可。AutoCAD 2018默认以最近的一个标注为基准标注，如果需选择其他的标注，可以输入“S（选择）”进行选择。连续标注示例如图8－12所示。

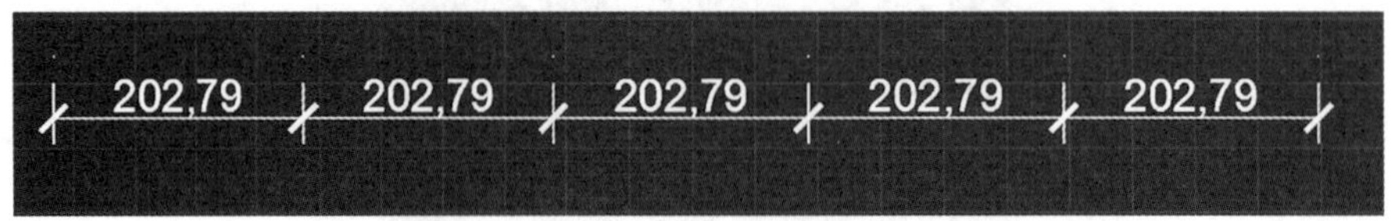

图8－12 连续标注示例

8.3.5 半径标注

半径标注标注圆或圆弧的半径尺寸。

“半径标注”命令的启动方法有 4 种。

●菜单栏：单击“标注”→“半径”命令。

●功能区：单击“功能区”选项卡的“注释”→“标注”→“半径”按钮。

●命令行：输入“DRA”或“DIMRADIUS”。

●工具栏：单击“标注”工具栏中的“半径”工具按钮。

命令启动后，根据提示：选择圆或圆弧→指定尺寸线位置或［多行文字（M）/文字（T）/角度（A）］，可以指定标注文字位于圆内或圆外。半径标注示例如图 8－13 所示。

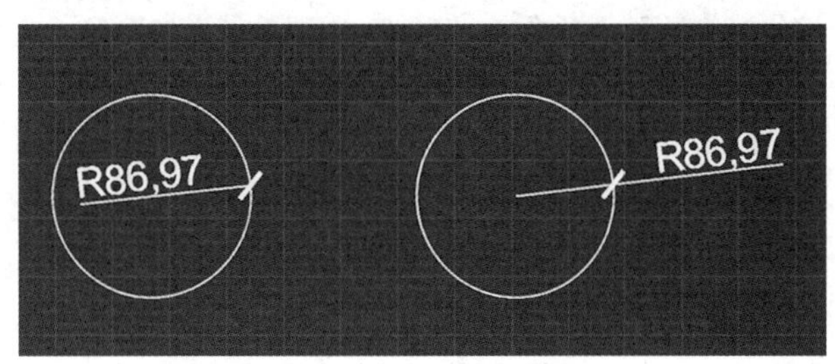

图 8－13　半径标注示例

8.3.6　直径标注

直径标注标注圆或圆弧的直径尺寸。

“直径标注”命令的启动方法有 4 种。

●菜单栏：单击“标注”→“直径”命令。

●功能区：单击“功能区”选项卡中的“注释”→“标注”→“直径”按钮。

●命令行：输入“DDI”或“DIMDIAMETER”。

●工具栏：单击“标注”工具栏中的“直径”工具按钮。

命令使用方式与半径标注类似，不再赘述。

8.3.7　角度标注

角度标注标注圆弧角度、圆周一段圆弧的角度、两条不平行直接的夹角、已知三点的标注角度。

“角度标注”命令的启动方法有 4 种。

●菜单栏：单击“标注”→“角度”命令。

●功能区：单击“功能区”选项卡中的“注释”→“标注”→“角度”按钮。

●命令行：输入“DAN”或“DIMANGULAR”。

●工具栏：单击“标注”工具栏中的“角度”工具按钮。

命令启动后，根据提示：选择圆弧、圆、直线或<指定顶点>，选择相应的图形根据提示标注即可。

8.3.8　弧长标注

弧长标注标注一段圆弧的长度。

“弧长标注”命令启动方法有 4 种。

●菜单栏：单击“标注”→“圆弧”命令。

●功能区：单击“功能区”选项卡中的“注释”→“标注”→“弧长”按钮。

●命令行：输入“DAN”或“DIMARC”。

●工具栏：单击“标注”工具栏中的“弧长”按钮。

命令启动后，根据提示：选择弧线段或多段线圆弧段→指定弧长标注位置或［多行文字（M）/文字（T）/角度（A）/部分（P）/引线（L）］，可以指定标注在圆弧的内侧或外侧。弧长标注示例如图 8－14 所示。

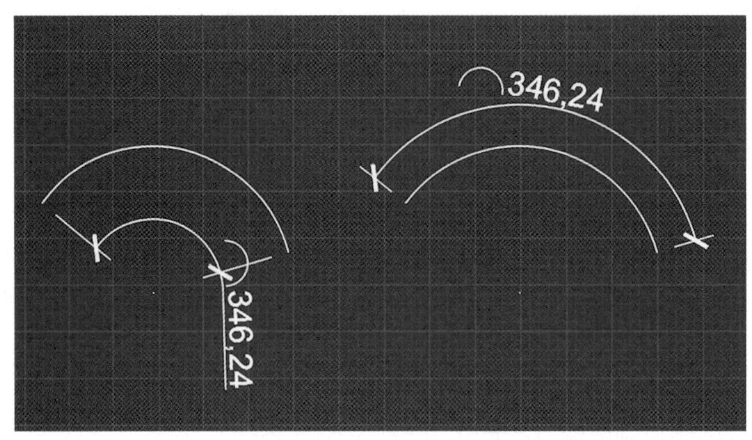

图 8－14　弧长标注示例

8.3.9　快速标注

快速标注可以一次性标注连续、基线和坐标尺寸，一次性标注多个圆或圆弧的直径或半径。

“快速标注”命令的启动方法有 4 种。

●菜单栏：单击“标注”→“快速标注”命令。

●功能区：单击“功能区”选项卡中的“注释”→“标注”→“快速标注”按钮。

●命令行：输入“QDIM”。

●工具栏：单击“标注”工具栏中的“快速标注”工具按钮。

命令启动后，根据提示选择要标注的几何图形，选择相应图形即可。

8.3.10　多重引线标注

多重引线标注用于图形的（标记）注释、说明等标注。在使用多重引线命令前需对多重引线进行样式设置。

（1）启动多重引线样式命令

启动“多重引线样式”命令的方法如下。

●菜单栏：单击“格式”→“多重引线样式”命令。

●命令行：输入“MLEADERSTYLE”。

命令启动后界面如图 8－15 所示。

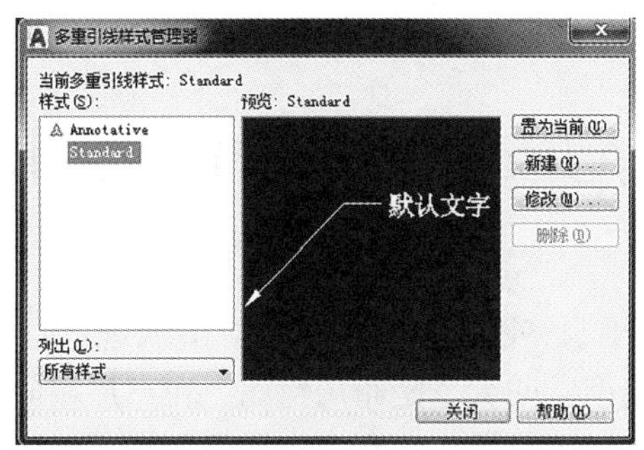

图 8－15　“多重引线样式”管理器

“多重引线样式”选项内容如下。

“样式”列出当前可用的样式名称。右侧可以新建、修改、删除、置为当前样式。

“预览”显示样式形式。

点击“新建”后，可以创建新多重引线样式，可依图示进行修改。

（2）启动多重引线命令

启用“多重引线标注”方法如下。

●菜单栏：单击“标注”→“多重引线”命令。

●命令行：输入“MLEADER”。

命令启动后，根据提示：指定引线箭头的位置或［引线基线优先（L）/内容优先（C）/选项（O）］→指定引线基线的位置，输入标注文本。

8.4　测　量

测量是为方便绘图时了解图形各数据参数的命令。

8.4.1　距离测量

启用“距离测量”命令的方法有 4 种。

●菜单栏：单击“工具”→“查询”→“距离”命令。

●功能区：单击“默认”选项卡中的“实体工具”面板中的“距离”按钮。

●命令行：输入“DI”或“DIST”。

●工具栏：单击“查询”工具栏中的距离工具按钮。

命令启动后，根据提示：指定第一点→指定第二个点或［多个点（M）］，依次指定即可。

8.4.2　面积测量

面积测量计算指定区域内的面积并显示，指定区域至少确定三个点，可以计算面积的和，也可以从总面积中减去一部分的面积，使用该命令还可以计算不规则区域内的面积。

启用“面积测量”命令的方法有 2 种。

●菜单栏：单击“工具”→“查询”→“面积”命令。

●命令行：输入“AA”或“AREA”或“MEASUREGEOM”。

命令启动后，根据提示：指定第一个角点或［对象（O）/增加面积（A）/减少面积（S）］，根据绘图实际情况可依次进行选择。

第9章　图形打印输出

当利用 AutoCAD 2018 绘制完图纸后，就需要对图纸进行打印输出。AutoCAD 2018 设计了两种绘图空间，一是模型空间，二是布局空间。在布局空间中可以准确地显示图纸的缩放比例、图纸方向、线宽设置等操作，利用布局可以直观地看到打印效果，因此，在园林设计中，通常在图纸空间进行图纸布局与打印输出比较常见。图纸打印可分为两种：实体打印与虚拟打印。实体打印是将计算机连接打印机进行图纸打印；虚拟打印则是在计算机中添加虚拟打印机，将图形以 JPG、PDF、EPS 等模式的电子文件进行输出。

9.1　模型空间与布局空间

在 AutoCAD 2018 中，绘图窗口下面分别点击“模型”与“布局”选项卡进行切换绘图空间。默认状态下，可以在模型空间中按 1∶1 比例进行绘图与打印，也可以先在模型空间中完成图形的绘制，然后在图纸空间对图形进行排版、尺寸标注、文字注释、标题栏等，再进行打印输出。

9.1.1　模型空间

模型空间为用户提供了一个无限的绘图空间，在其中，可以按照物体的实际尺寸进行绘制、查看以及编辑修改图形，并进行相应的尺寸标注与文字注释。默认情况下，启动 AutoCAD 2018 以后，绘图窗口下面的“模型”选项卡便被激活，可以直接在里面进行图形的绘制。

9.1.2　布局空间

布局选项卡为用户提供了一个布局空间，在其中，可以插入标题栏、创建布局及视口、标注图形尺寸及添加文字说明，在布局空间中进行图形输出占有极大的优势。在 AutoCAD 2018 中，已默认带有 2 个布局，如不足，可创建新的布局。

（1）创建新布局

创建新布局的方法有 4 种。

●菜单栏：单击“插入”中的“布局”，可选“新建布局”或“来自样板的布局”。

●命令行：输入“LAYOUT”。

●工具栏：单击“布局”工具栏中的“新建布局”按钮或“来自样板的布局”按钮。

●快捷方式：在模型或布局选项卡上，使用右键菜单中的“新建布局”。

（2）使用布局向导新建布局

在菜单栏中单击“插入”→“布局”→“创建布局向导”或者单击“工具”→“向导”→“创建布局”。系统将显示“创建布局”对话框。

“创建布局”对话框中常用选项含义如下。

“开始”选项：输入新布局名称，如图 9－1 所示。

“打印机”选项：新布局选择配置的绘图仪，如可选择“DWF6 ePlot. pc3”，如图 9－

2所示。

“图纸尺寸”选项：选择图纸尺寸，设置图形单位，一般选“毫米”，如图9－3所示。

“方向”选项：图形在图纸上的方向，纵向或横向，如图9－4所示。

“标题栏”选项：设置标题栏大小、内容及风格等，如图9－5所示。

“定义视口”选项：可以在布局中添加视口，设定类型、比例、行数、列数和间距等，如图9－6所示。

“拾取位置”选项：在图形中设定视口位置。

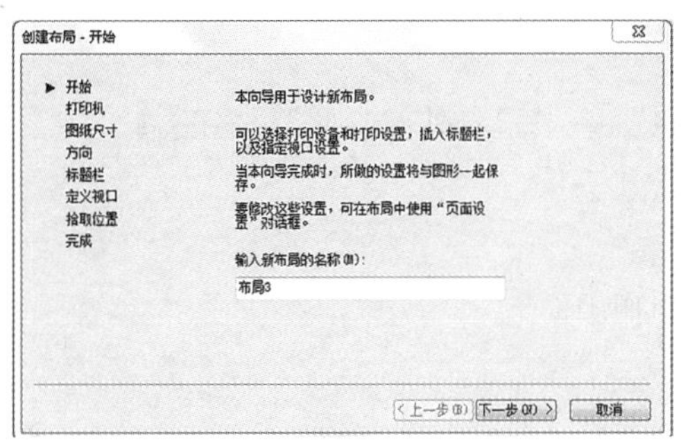

图9－1　“开始”选项卡

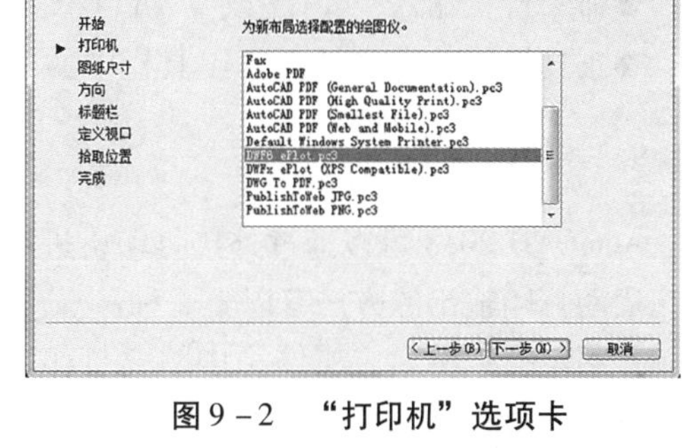

图9－2　“打印机”选项卡

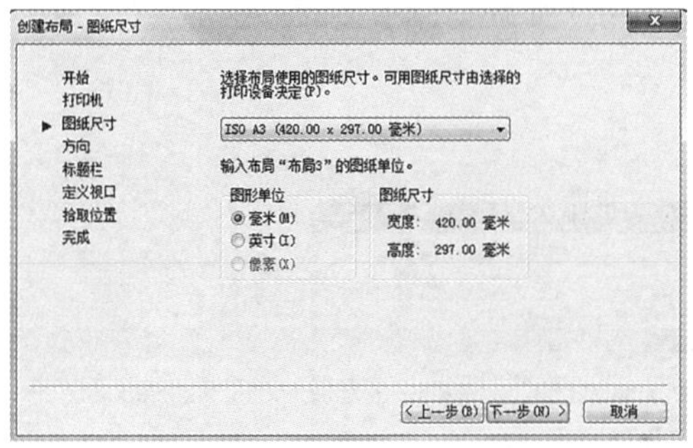

图9－3　“图纸尺寸”选项卡

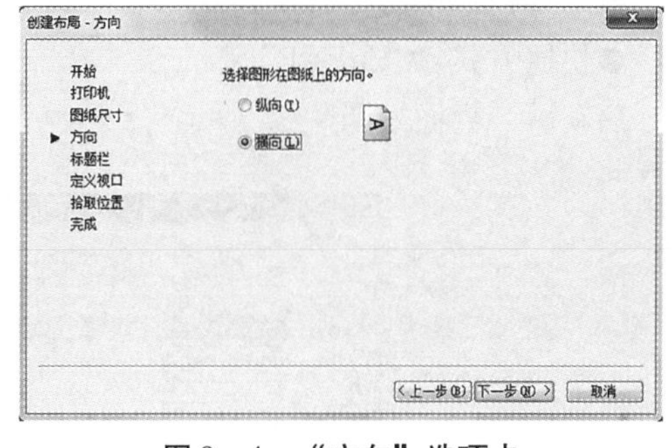

图9－4　“方向”选项卡

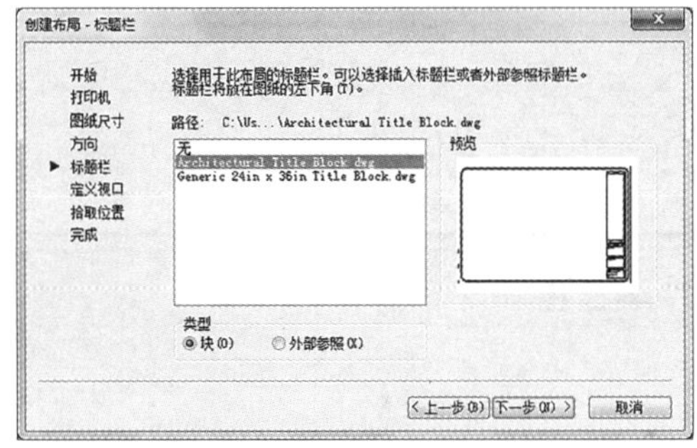

图9－5　“标题栏”选项卡

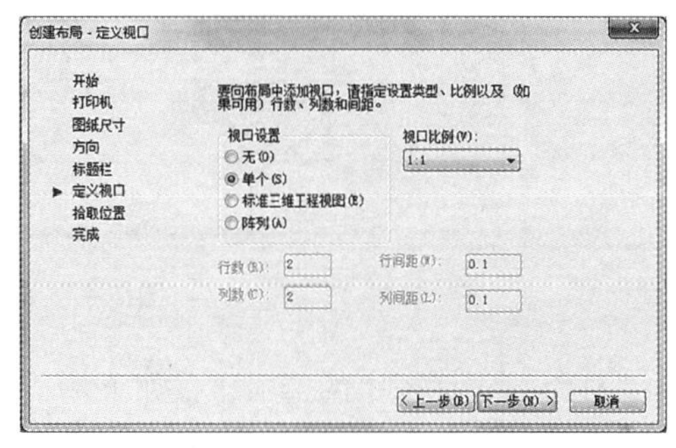

图9－6　“定义视口”选项卡

（3）创建视口

在布局空间必须要开视口操作。

启动“创建视口”命令的方法有3种。

●菜单栏：单击“视图”→“视口”→“新建视口”。

●命令行：输入“MV”或“MVIEW”。

●工具栏：单击“视口”工具栏中的“单个视口”按钮。

视口创建完毕，要激活视口从布局空间进入视口，可在视口内部双击鼠标左键；双击视口外部，可以返回布局空间。

（4）插入图框

在布局中插入外部参照图框，可避免反复插图的工作量，提高工作效率。

启动外部参照的方法有3种。

●菜单栏：单击“插入”→“DWG参照”命令。

●命令行：输入“XA”或“XATTACH”。

●工具栏：单击“插入”工具栏中的“参照”→“附着外部参照”按钮。

9.2　打印输出

AutoCAD 2018可以通过外接打印机进行打印输出。

启动打印输出的方法有以下4种。

●菜单栏：单击“文件”中的“打印”。

●命令行：输入“PRINT”。

●工具栏：单击“标准”工具栏中的“打印”按钮。

●快捷方式：“Ctrl + P”。

启动后，界面如图9－7所示。

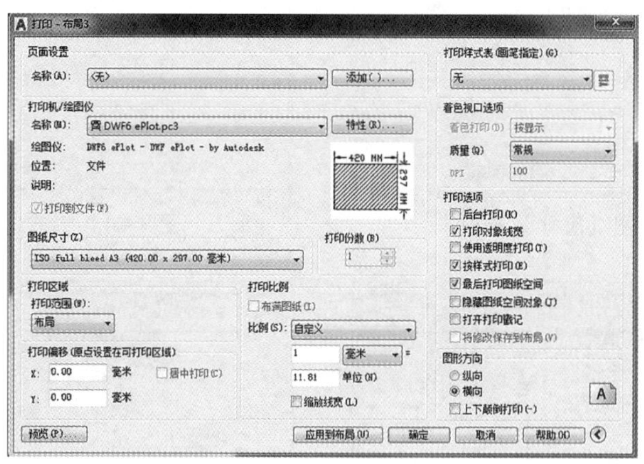

图9－7　“打印”对话框

“打印”对话框中的选项含义如下。

“页面设置”选项：列出已有页面设置的名称。

“打印机/绘图仪”设置需使用的打印设备。

“名称”：设定打印设备名称。以下会显示绘图仪、位置及说明各项。

“打印到文件”：输出到文件而不是打印设备。

“预览”：显示将打印的有效区域。

“图纸尺寸”选项：指定将打印的图纸大小。

“打印区域”选项：设定图形的打印范围。

“布局/图形界限”：设定打印图纸尺寸的可打印区域内的所有内容。

“范围”：打印包含对象的图形的当前部分区域。

“显示”：打印“模型”选项卡当前视口中的视图或布局中的当前图纸空间视图。

“视图”：设定打印以前使用视图命令保存的视图。

“窗口”：设定打印指定区域。

“打印比例”选项：设定控制图形单位与打印单位之间的相对尺寸。在布局空间打印时，默认情况下比例为 1∶1。在模型空间打印时，默认设置为“布满图纸”。

“打印样式”选项：设置、编辑打印样式表，或建立新的样式表。

“着色视口选项”：指定着色和渲染视口的打印方式，并确定它们的分辨率大小。

“图形方向”选项：设定图形在图纸上的打印方向，有横向与纵向两种方式。反向打印为上下颠倒打印。

另外，AutoCAD 2018 还可利用 Windows 系统自带的虚拟打印机输出电子版图形，如打印成 JPG、PDF、EPS 等；此时绘图仪应选择相应的虚拟打印机，如 Adobe PDF、PublishToWeb JPG. pc3，即可输出相应的电子图纸。

第二编 Photoshop CC 2018

第 10 章 Photoshop CC 2018 界面与基本操作

10.1 Photoshop CC 2018 软件简介

Photoshop 是 Adobe 公司旗下最为出名的图像处理软件之一。Photoshop 全称为 Adobe Photoshop，简称 PS。它集图像编辑、设计、合成、网页制作以及高品质图片输出功能为一体。从专业设计人员到家庭用户，Photoshop 都有广泛的应用。如：数码相片编辑、效果图后期合成、网页页面设计、特效图片文字制作等。本书以 2018 版为例进行软件基本操作介绍，Photoshop CC 2018 相较之前版本整合了其 Adobe 专有的 Mercury 图像引擎，使软件操作更加自由高效，软件拥有众多的编修与绘图工具，可以有效地进行图片编辑工作。

10.2 Photoshop CC 2018 的启动与退出

10.2.1 启 动

在安装好软件的电脑桌面上找到 Photoshop CC 2018 软件图标，用鼠标点击 Ps 图标，选中图标后单击右键，选择“打开”选项，或者双击桌面 Photoshop CC 2018 的快捷方式图标。

10.2.2 退 出

方法一：如需退出软件，可用鼠标单击 Photoshop CC 2018 软件界面右上角的关闭按钮 × 。

方法二：在 Photoshop CC 2018 的菜单栏中选择“文件”→“退出”。

方法三：可以使用快捷命令，使用组合键“Ctrl + Q”或“Alt + F4”。

10.3 Photoshop CC 2018 软件界面认识

启动软件，Photoshop CC 2018 中文版软件界面如图 10－1 所示，主要分为菜单栏、工具属性栏、工具箱栏、控制面板、工作区、状态栏、图层通道路径面板。

图 10－1　Photoshop CC 2018 界面

10.3.1　菜单栏

菜单栏是 Photoshop CC 2018 软件所有命令的合集，位置在界面最上方，包含可以在 Photoshop 中执行的各种命令。如图 10－2 所示。选择菜单栏中的任意一项都可以显示子菜单，子菜单中显示为灰色表示当前条件下不可用，黑色按钮则表示当前条件下为可使用状态。

Ps　文件(F)　编辑(E)　图像(I)　图层(L)　文字(Y)　选择(S)　滤镜(T)　3D(D)　视图(V)　窗口(W)　帮助(H)

图 10－2　菜单栏

10.3.2　工具属性栏

工具属性栏位于菜单栏下方，在工具属性栏中用户可根据当前工具进行个性化编辑，调整当前命令的不同阈值，使工作的使用更加方便、灵活。如图 10－3 所示。工具属性栏根据工具选择的不同而随时发生变化，主要用于设置所选工具的各项参数。

图 10－3　工具属性栏

10.3.3　工具箱

工具箱默认位置位于软件界面的最左侧，包含了 Photoshop CC 2018 中的 50 多种工具，部分工具按钮右下方有黑色小三角，表示该工具按钮有隐藏的工具，使用方法是单击鼠标右键显示其隐藏工具，或者长按鼠标左键不放也可以显示隐藏工具，两种方法均可。将鼠标点击需要选择的工具，即可进行该工具的使用，工具箱各命令如图 10－4 所示。

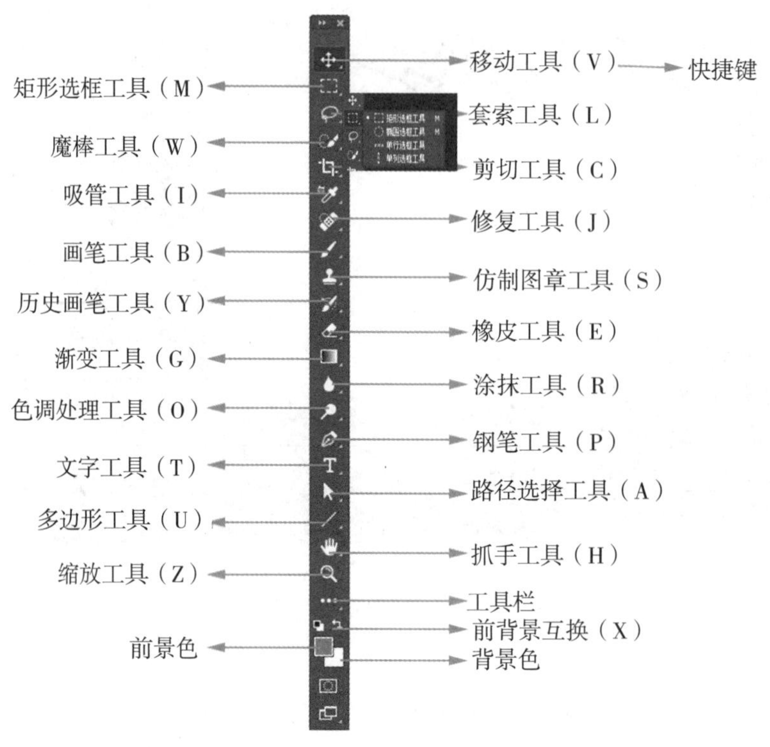

图 10－4　工具箱

10.3.4　图像窗口工作区

图像窗口工作区用于显示正在编辑的图像文件，也是工作区域，用户在打开或新建图像文件时均会创建图像窗口，用于编辑和修改图像的窗口，如图 10－5 所示。

图 10－5　图像窗口工作区

10.3.5　控制面板

控制面板是 Photoshop CC 2018 中经常使用的工具，默认状态下位于界面右侧，包括图层、通道、路径、颜色、历史记录、字符、段落、画笔等 20 多个面板，可以通过“窗口”菜单来控制需要打开的或关闭的面板，能够实现颜色选择、图层编辑、新建通道、撤销编辑以及编辑路径等重要操作。

在系统默认的情况下，控制面板分为“导航器”“颜色”“图层”“历史记录”四个部分，每一部分以选项卡的形式组合进行显示，单击相应的图标可以打开相应的控制面板，也可以拖动改变其位置，如图 10－6 所示。

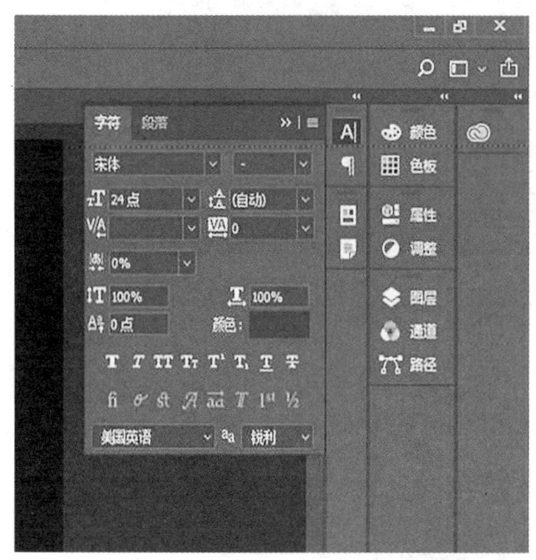

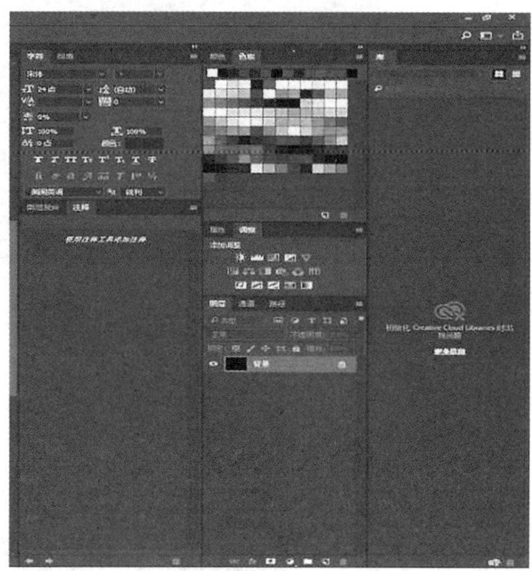

图 10－6　控制面板

10.3.6　状态栏

在 Photoshop CC 2018 中状态栏位于软件最底部，显示目前图像的显示比例、文档大小、文档尺寸等各种信息，右击可以打开自己需要的信息，如图 10－7 所示。

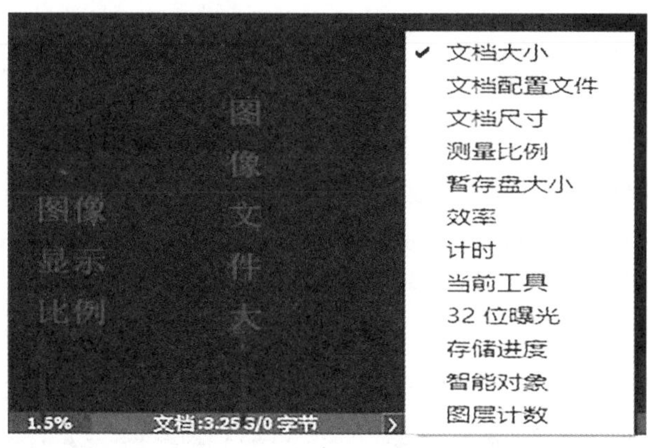

图 10－7　状态栏

10.3.7　路径、图层、通道

（1）图　层

图层是 Photoshop CC 2018 图像处理的基础，是含有文字或图形等元素的胶片，是一张张按顺序叠放在一起组合起来形成页面的最终效果，如图 10－8 所示。利用这个原理，为不影响已做好的图层，就需要新建一个图层，在新的图层中编辑。

图 10－8　图　层

（2）路　径

路径在 Photoshop CC 2018 里是一种矢量的图形，如图 10－9 所示。建立路径以后可以对其描边、沿路径编排文字等，路径闭合时可以转化为选区，可以使用钢笔工具。

图 10－9　路　径

（3）通　道

在 Photoshop CC 2018 中，在不同的图像模式下，通道是不一样的。通道中的像素颜色是由一层原色的亮度组成的通道，主要用于建立精确的选区，可以存储选区和载入选区备用，可以看到精确的图像颜色，有利于调整图像颜色。打开一张图片主要有 RGB 通道、红通道、绿通道、蓝通道四种，如果需要添加颜色，按“Ctrl + L”打开色阶面板。在输入色阶条上向左右拉动，如图 10－10 所示。

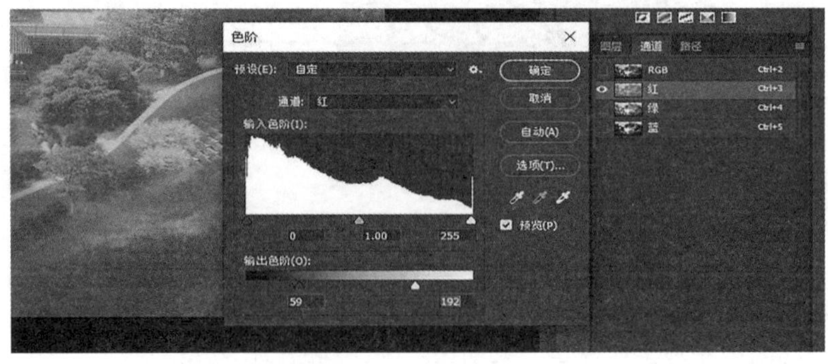

图 10－10　通　道

10.3.8 图像格式

根据存储方式和存储内容的不同，图像有很多种格式，格式不同其扩展名不同，Photoshop CC 2018 可以处理大多数常见的图像格式，主要有以下几种。

（1）JPEG

JPEG 格式是我们最常见的图像格式，是一种经过有损压缩的格式。它通过损失小部分的图像信息来换取更大的文件压缩比例，颜色还原度好，图像质量好，实用性强。

（2）PSD

PSD 为 Photoshop CC 2018 默认格式，也是 Photoshop 软件专用的一种格式，它可以保存图像设备的每一个细小的部分，如图层、通道、蒙版等。虽然由于该格式保存的图像信息较多导致文件数据较大，但因为在实际图像处理过程中方便修改的缘故，所以我们推荐图像保存为该文件格式。

（3）GIF

GIF 格式是一种可在多个平台、多个软件中处理的，经过压缩的文件格式。其支持的颜色最多为 256 种，不适合用来存储真彩色文件，优点是文件小，打开速度快，且可形成简单的动画效果，是输出到网页中常用的格式。

（4）TIFF

TIFF 格式是一种灵活的位图格式，可用于程序与计算机之间进行文件交换，主要用来存储包括照片和艺术图在内的图像。它对图像信息的存放灵活多变，可以支持很多色彩系统，而且独立于操作系统。

（5）BMP

BMP 格式是 Windows 操作系统中的标准图像文件格式，能够被多种 Windows 应用程序所支持。

（6）PNG

PNG 格式一种采用无损压缩算法的位图格式，其设计目的是试图替代 GIF 和 TIFF 文件格式，同时增加一些 GIF 文件格式所不具备的特性。

10.4 Photoshop CC 2018 文件的基本操作与辅助工具介绍

在 Photoshop CC 2018 软件中，文件的基本操作包括新建文件、打开文件、保存文件和关闭文件等。

10.4.1 新建文件、关闭文件和查看文件

启动 Photoshop CC 2018 后，首先创建一个新图层，新图层即当前操作平台，在新图层上进行编辑处理。

（1）新建文件

①启动 Photoshop CC 2018 执行“文件”“新建”命令，或输入快捷键“Ctrl + N”，执行“新建文档”命令后，系统会打开“新建文档”对话框，如图 10 - 11 所示。

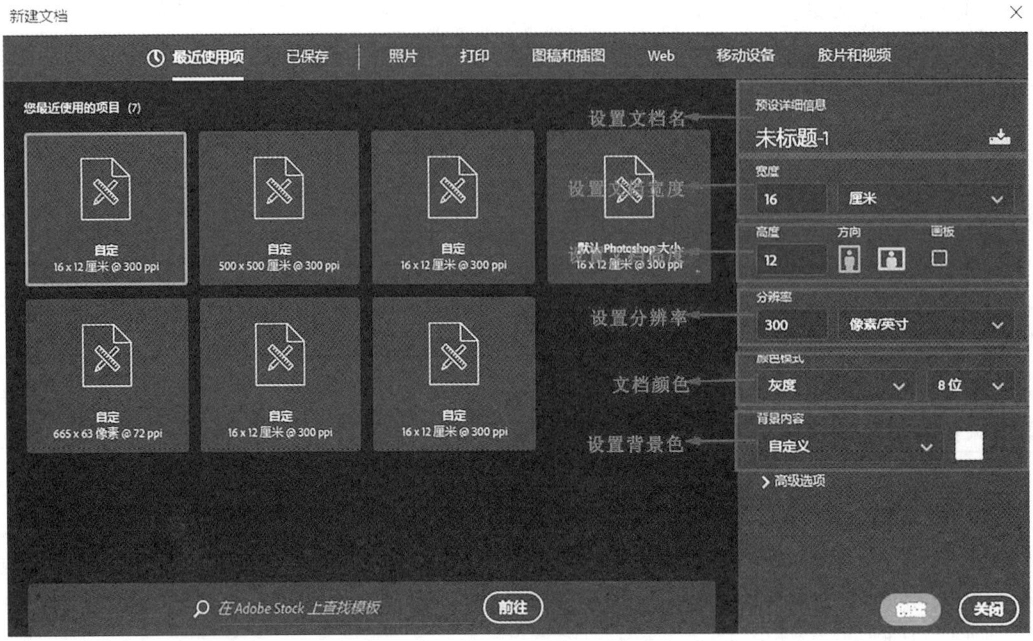

图 10－11　“新建文档”对话框

②输入文件信息：在“预设详细信息”中输入“名称”，如果不输入“名称”，软件默认的文件名为“未标题－1”，连续多个未命名文件的命名方式依次为“未标题－2”“未标题－3”……依次顺序命名。在其他预设内容中依次输入“宽度”“高度”“分辨率”“颜色模式”“背景内容”主要信息，设置好后单击“创建”按钮即可关闭该对话框，此时将得到一个图像。

注意：“分辨率”关系成图文件的清晰度，建议数值≥200 像素。

（2）保存文件

编辑完成图像文件后，需要将文件进行保存，否则会丢失文件，操作步骤如下：

①在菜单栏下选择“文件”“存储”命令或按下组合快捷键“Ctrl＋S”。

②执行“存储”命令后弹出“存储为”位置界面。在菜单栏下选择“文件”“存储为”命令，如图 10－12 所示。弹出“另存为”对话框可以改变图像的格式名称、路径等保存图像，并且新存储的文件会成为当前执行文件。

注意：使用“Ctrl＋S”键可以快速执行“存储”命令，使用“Shift＋Ctrl＋S”键可以快速执行“存储为”命令。

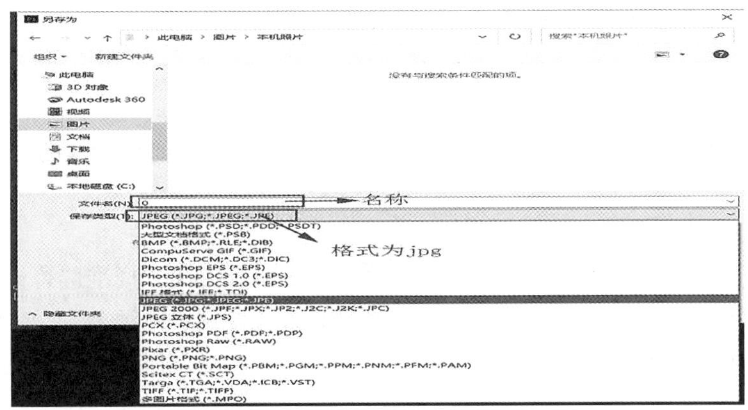

图 10 – 12　“存储为”对话框

(3) 打开图像文件

在菜单栏下选择“文件”，执行“打开”命令；或按组合快捷键“Ctrl + O”，找到所需文件所处的位置，然后再点击所需文件；最快捷的方法是直接将需要的图像文件拉入 Photoshop 中，这种方法在软件打开的时候或者没有打开的时候都可以采用，在软件没有打开的时候将文件拉到 Photoshop 的快捷图标上，就可以直接打开。

选择文件，在“文件类型”中下拉列表中，选择默认模式“所有格式”可以检索所有类型的文件，如需缩小文件搜索范围，可以选择相应的文件类型，可以快速检索需要的文件格式。

双击所需文件或选中文件后执行“打开”命令即可在软件内打开该文件，如图 10 – 13 所示。

图 10 – 13　打开文件

注意：打开的图像为“智能对象”图层，拉入后可以改图层的图像大小、长宽比例，如果要进行其他操作，需要转换一般图层；在未打开软件的时候直接拉入的图层为背景图层。

（4）查看图像

在绘图中，为了观察图上的整体效果和局部细节，经常需要在图像的全屏和局部之间进行直接切换。

①执行“文件”选择需要的图像。

点击“打开”命令，点击工具箱最后一个图标根据需要在“标准屏幕模式”“带有菜单栏的全屏模式”和“全屏模式”之间进行切换，或者使用快捷键“F”或 ESL 对三种模式进行切换，如 10 – 14 所示。

图 10 – 14　查看图像

②图像的缩放。

点击工具箱中“缩放工具”或按快捷键“Alt + 鼠标滚轮”进行图像的缩放，鼠标滚轮向上滚动放大，向下缩小，如图 10 – 15 所示。

图 10－15　**图像缩放**

注意：点击“缩放工具”的显示图标，“＋”为放大图像，“－”为缩小图像。

③改变画布大小。

在图像处理过程中，经常涉及修改图像画布大小的操作，执行“图像”→“画布大小”命令，或者使用快捷键“Ctrl＋Alt＋C”。调出命令选框，再根据需求进行调整图像的宽度和高度，如图 10－16 所示。

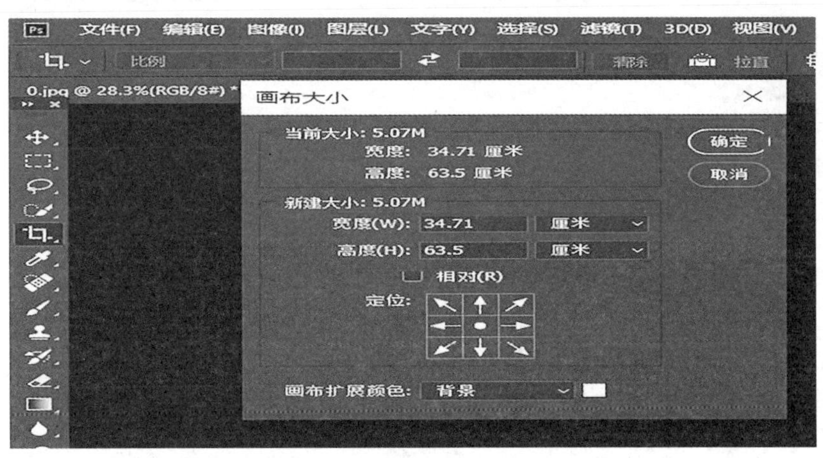

图 10－16　**画布大小调节**

注意：勾选“相对”命令，画布的宽度和高度将以原图为基础等比改变画布大小。

10.4.2　小结演示

在 Photoshop CC 2018 中创建一个新图层或打开一个现有的图层文件后，可以进行改变图像的大小、画布的大小、旋转画布方向、复制图像等基础编辑操作。

①执行“文件”→“打开”命令将图片放入工作区中。

②在菜单栏上选择“图像”→“图像大小”命令打开对话框，或快捷键“Ctrl + Alt + I”打开对话框，根据需求调整宽度和高度以及分辨率，如图 10－17 所示。

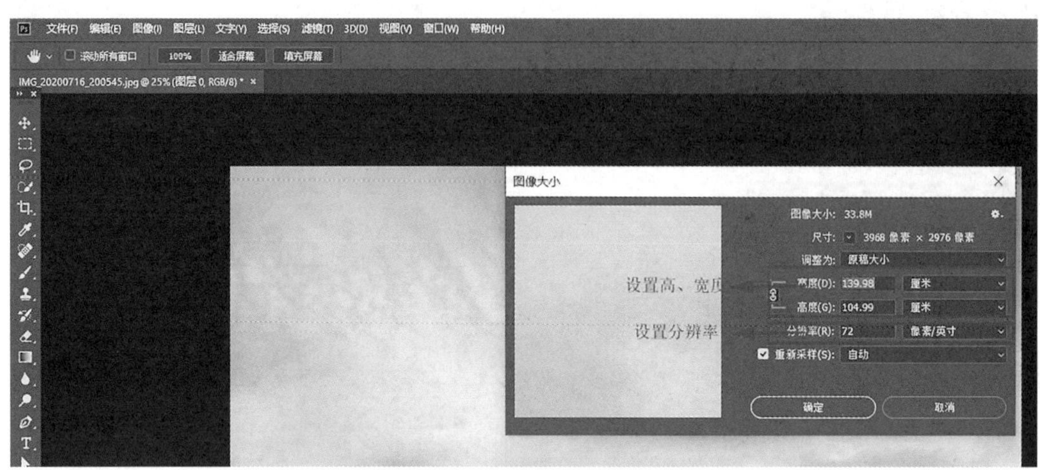

图 10－17　图像大小调节

③使用剪切工具（默认快捷键 C），在图像中保留部分单击并拖动。创造一个剪切框，在工具属性栏中设置剪切，按下“Enter”键图像被剪切，如图 10－18 所示。

图 10－18　剪切工具使用

（3）存储文件

①在对新建文件进行编辑后，必须对文件进行保存，以防止意外丢失。

②选择“文件”→“存储为”命令。

③选择存储文件的位置，在文件名的文本框中输入存储文件名称，在格式下拉框中选择存储文件的格式，单击保存按钮完成图像保存。

④使用“Ctrl + S”键可以快速执行“存储”命令，使用“Shift + Ctrl + S”键可以快速执行“存储为”命令。

第 11 章　常用工具应用

用 Photoshop CC 2018 进行图像编辑的常用工具为选择类工具、修饰类工具、绘画类工具、视图控制工具和文字工具。以上几类是 Photoshop CC 2018 中最基础的常用工具。

11.1　选择类工具的种类及使用

在对图像进行编辑修改时需要限定选区，选定选区即创建选区，建立选区后可据绘图要求对前期进行编辑修改，比如形状、大小。这些功能命令大多集中在“选择”菜单中，将其与选区工具结合应用，可以完成复杂的选区建立工作。下面我们介绍几种常见的选择工具及其使用方法。

11.1.1　选框工具

鼠标单击“选框”命令，在默认系统状态下为“矩形选框工具”，或者使用快捷键“M”。鼠标右击工具箱中的“选框”图标，会出现选框工具组的全部工具，或者在选框工具上长按鼠标左键，会弹出相应的子工具，分别为矩形选框工具、椭圆选框工具、单行选框工具、单列选框工具，如图 11 -1 所示。

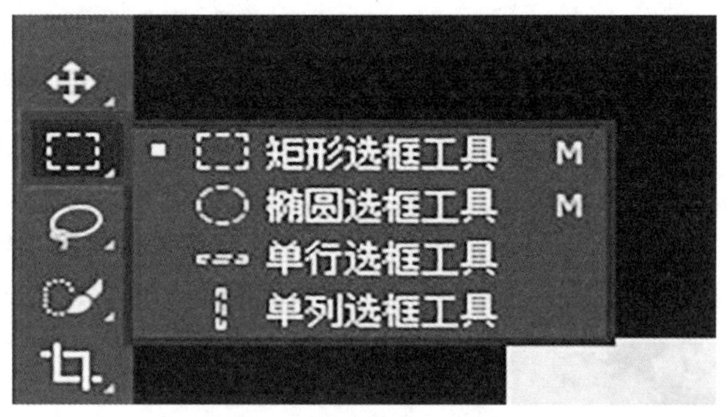

图 11 -1　选框工具

选框工具的属性栏：把光标放在矩形选框工具栏，各项上稍作停留就会自动显示出该功能的简短解释。

属性栏中四项选区与选区的结合方式，分别为：新建选区、添加到选区（长按 Shift）、从选区减去（长按 Alt）、与选区交叉（长按“Shift + Alt”）。

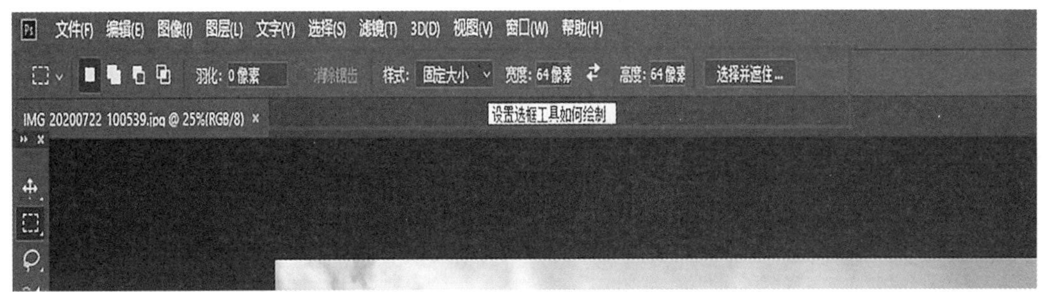

图 11－2　选框工具属性栏

“羽化”：可以使选择区域的正常边界进行过度、虚化，使填充的颜色偏器产生柔和虚化效果，取值范围在 0～255 像素之间，羽化值越大，则选区的边缘越模糊，如图 11－3 所示。

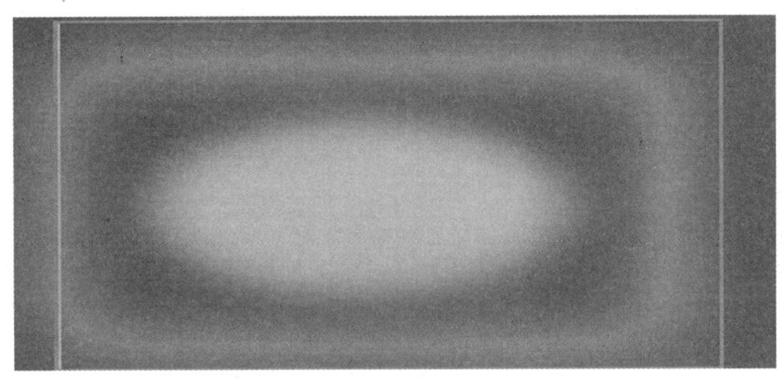

图 11－3　羽化图像

“消除锯齿”：勾选此项后选项选区边缘淡化，与背景颜色之间过度柔和，消除锯齿选项只是改变边缘像素并不损失细节，如图 11－4 所示。

注意：选项必须在建立选区前进行设置，否则在建立选区后，消除锯齿不起作用。

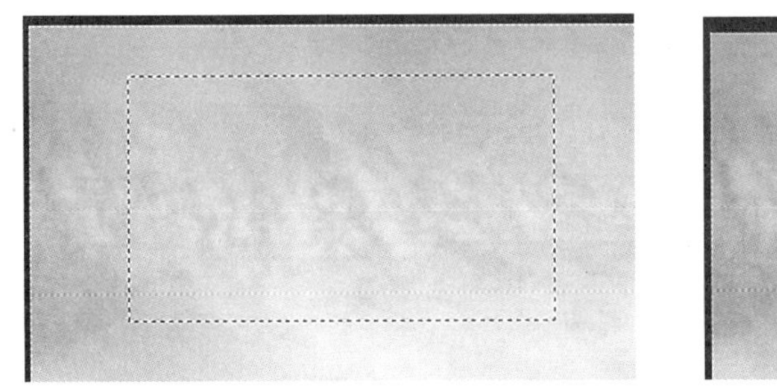

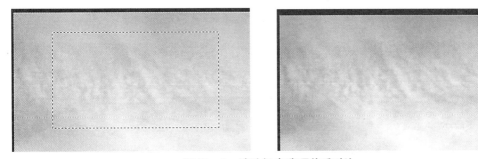

图 11－4　消除锯齿选项前后对比

“样式”：用来控制选区的基本形状，下拉菜单包含正常、固定比例、固定大小三个选项，如图 11－5 所示。

“正常”：可以任意选出选区。

“固定比例”：根据事先确定的高度和宽度比例进行选区选择。

“固定大小”：根据个人需要设置相应的宽度和高度，在工作区面板单击鼠标，给出选区位置即可选出选区。

图 11－5　样式选项

“调整边缘”：可以提高选区的品质，首先“Ctrl＋J”复制一个背景图层，在工具栏选择套索工具圈主要抠的图或单击选项区的“选择并遮住”按钮打开对话框，或使用默认快捷键“Alt＋Ctrl＋R”，根据需求进行调整，如图 11－6 所示。

图 11－6　“调整边缘”对话框

11.1.2　套索工具

套索工具（快捷键“L”）也是选择类工具常用的之一，更多的应用在不规则的选区的选择，单击下拉“套索工具”菜单弹出隐藏工具组，主要有“套索工具”（默认状态）“多边形套索工具”“磁性套索工具”，用快捷键“Shift＋L”进行切换，如图 11－7 所示。

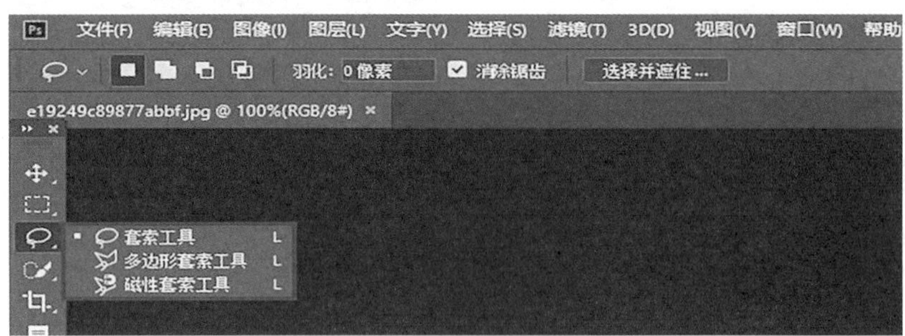

图 11－7　套索工具

“套索工具”：多应用于不规则图形的选区，单击图标，以连续的点形成围合选区，起点与终点重合即完成选区选择，得到封闭选区。

“多边形套索”：在绘图区单击鼠标左键，沿着想要的区域进行绘制，这时会创建一个由刚刚所描绘围合成的多边形区。当创建两个以上的边时，双击鼠标左键，会自动封闭选区。

“磁性套索”：特点是可以识别颜色差值大的边缘功能的套索工具，选择后单击左键，沿图像边缘移动光标，光标会自动选取选区边框，磁性套索的工具栏属性多出几项，如图 11 －8所示。

“宽度”：数值越大，选区范围越精细。

“对比度”：数值越大，选区范围越精细。

“频率”：数值越大，节点越密集，选区范围越精细。

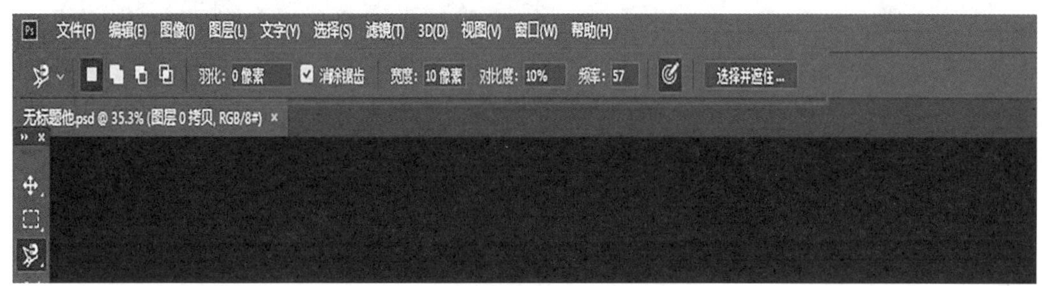

图 11 －8　磁性套索工具栏属性

11.1.3　魔棒工具

魔棒工具的选区以图像中相近像素选取范围，因此魔棒工具适用于颜色相同或相近的连续区域选择。通过魔棒的选区选取，可以很大程度上提高工作效率。魔棒包括“快速选择工具” 和“魔棒工具”。单击工具箱中的“魔棒工具”，或者使用快捷键“W”，结果如图 11 －9 所示。

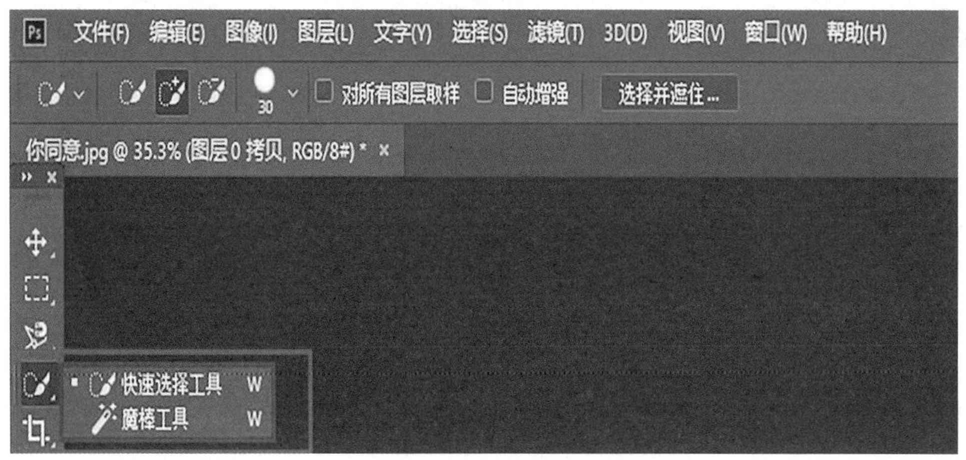

图 11 －9　魔棒工具组

魔棒工具属性栏中包括：魔棒大小、容差、对所有图层取样、自动增强等，如图 11 －10 所示。

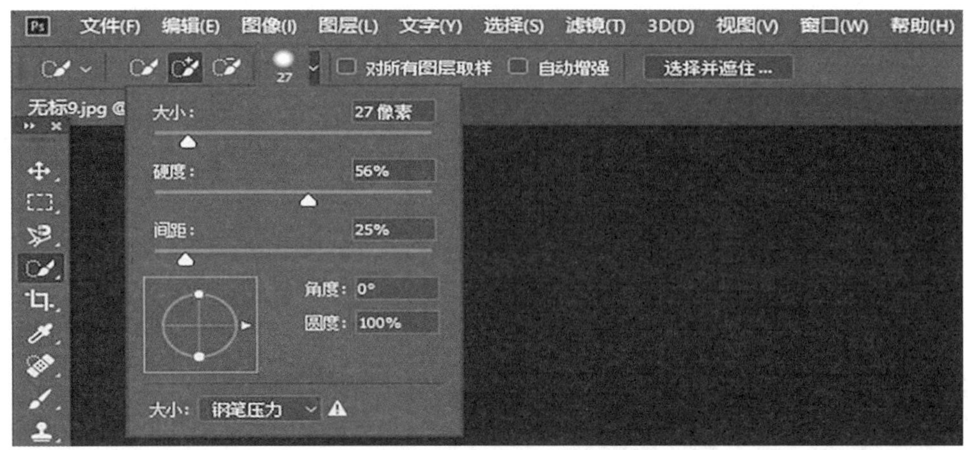

图 11－10　“魔棒工具”属性栏

容差选项：可以设置范围在 0～200 之间，数值越大，选区范围越广，也越不精细；反之，数值越小，选区范围越小，也越精细，如图 11－11 所示。

图 11－11　容　差

快速选择工具：多应用于图像颜色比较单一，且反差较大的图像选区选择，使用方法是按住鼠标左键不断拖动，即可得到选区，如图 11－12 所示。

图 11－12　快速选择

注意：勾选连续选项是对相同颜色相邻区域的选择，反之，则会选中同种颜色的全部区域。

11.2　编辑选区

11.2.1　编辑选区与其他命令结合

编辑选区需要与其他工具命令结合使用，工具栏常用命令如下图 11 – 13。

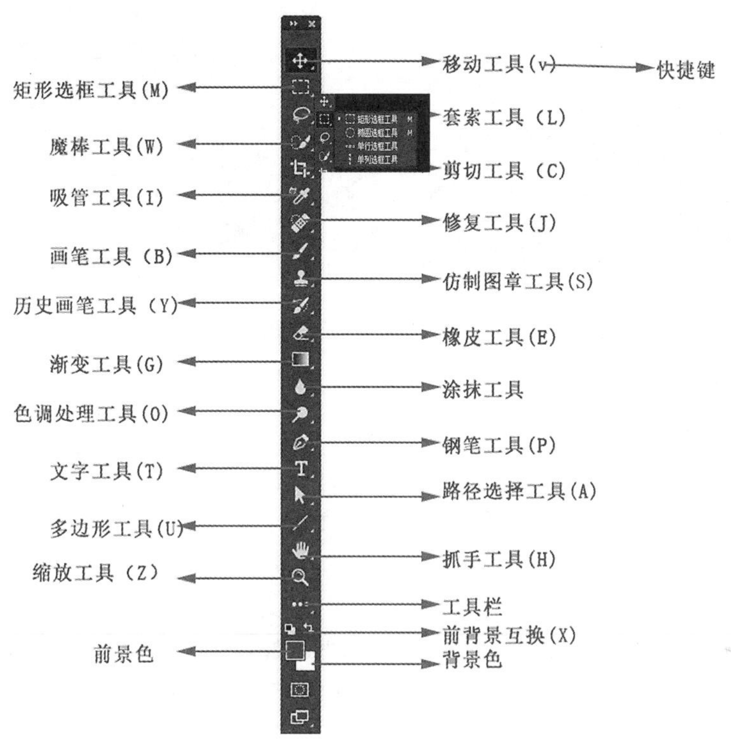

图 11 – 13　常用命令

11.2.2　变换选区

移动：使用“移动”“V”工具命令，将光标放在边框内，光标以黑色箭头显示，则表示选区被选中，拖动鼠标至移动区域即可完成移动命令。

隐藏：隐藏选区可以使用组合快捷键“Ctrl + H”，重复组合键即可再次显示选区。

缩放、变形、旋转：选中选区，使用组合快捷键“Ctrl + T”，弹出缩放框，在角点处出现箭头，拖动鼠标即可缩放，鼠标 + “Shift”可以完成等比缩放，鼠标 + “Alt”可以完成变形，当角点处出现箭头，拖动鼠标可完成旋转。

11.2.3　修改选区

修改主要用于修改选区的外形该命令包含羽化、边界、平滑、扩展、收缩等命令，如图 11 – 14 所示。

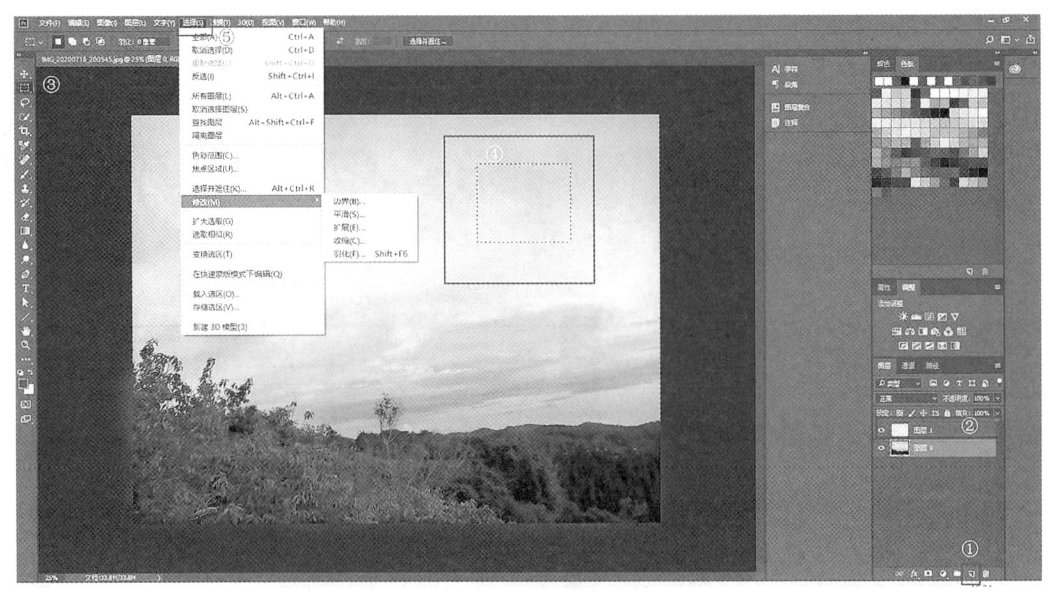

图 11－14　修　改

羽化：柔化和模糊选区边缘，在为羽化后填充颜色或删除选区图像，让图像产生模糊效果，修改后与自然环境结合。

平滑：以改变选区边缘处数值，影响边界的平滑或粗糙程度，达到一种连续的效果。

边界：对原选区增加一个包围选择的边框以替代原选区，但只能修改边框区。

扩展：对原选区的扩展选择，常用作道路边界扩展等编辑。

收缩：与“扩展”命令相反，可以对原选区的范围向内收缩。

选取相似、扩大选区：创建选区后，若增加画面中的相似颜色，可以使用“选择”菜单中的“选区相似”或“扩大选取”，这两项命令的选取范围取决于属性栏中容差值。

11.2.4　选区的取消与隐藏

取消：对已经存在的选区，如需取消或删除，可使用组合键“Ctrl＋D”。

隐藏：对已经存在的选区进行隐藏，可使用组合键“Ctrl＋H”对齐隐藏，再次使用组合键“Ctrl＋H”会显示选区。

注意：选区的隐藏并不等于删除选区，如要删除选区，需要使用组合键“Ctrl＋D”。

11.2.5　复制、粘贴

在用 Photoshop CC 2018 做图像合成时，在选择图像窗口中的像素后，可将图像复制的剪贴板中，然后进行粘贴；也可以直接用“Ctrl＋C”复制、“Ctrl＋V”粘贴。

注意：图层的效果也可以进行复制粘贴，在图层位置单击鼠标右键，可以进行需要的图层效果进行选择复制粘贴。

11.2.6　色彩范围

执行“选择”→“色彩范围”弹出如图 11－15 所示的对话框，点击图片单击右键选择“色彩范围”弹出对话框。

图 11－15　“色彩范围”对话框

11.2.7　描边选区

描边就是相当于对图片加一个外框，用选框工具进行选区，当选区出现锯齿形状时单击右键出现对话框，如图 11－16 所示。

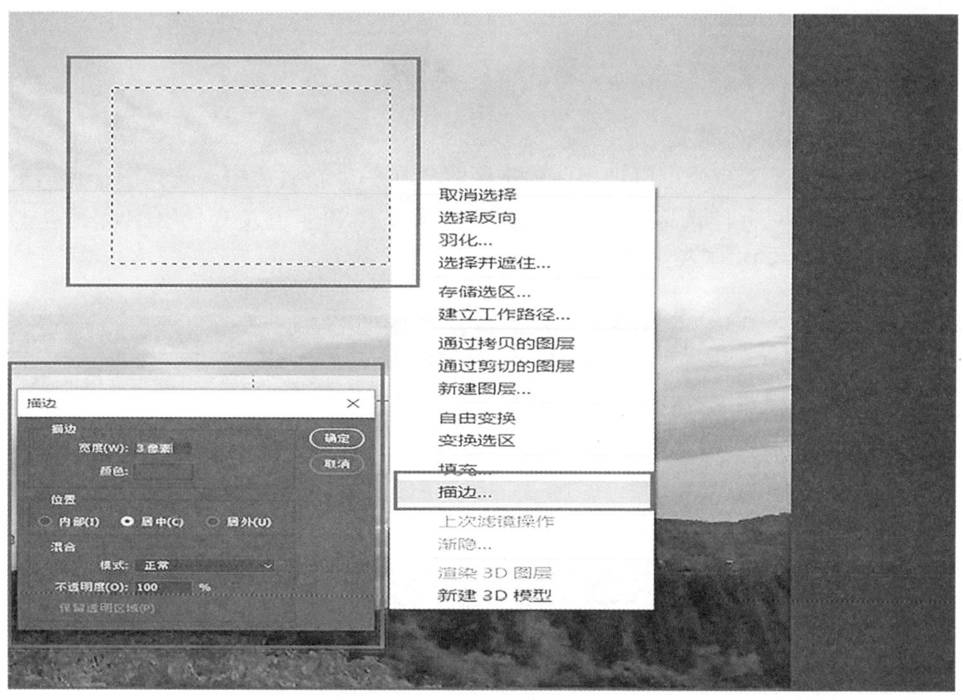

图 11－16　“描边”对话框

11.2.8　填充选区

建好选区点击“前景色”使用“拾色器”选区颜色，选择颜色后点击“确定”退出。如图 11－17 所示，“Alt＋Delete”前景色填充、“Ctrl＋Delete”后景色填充。

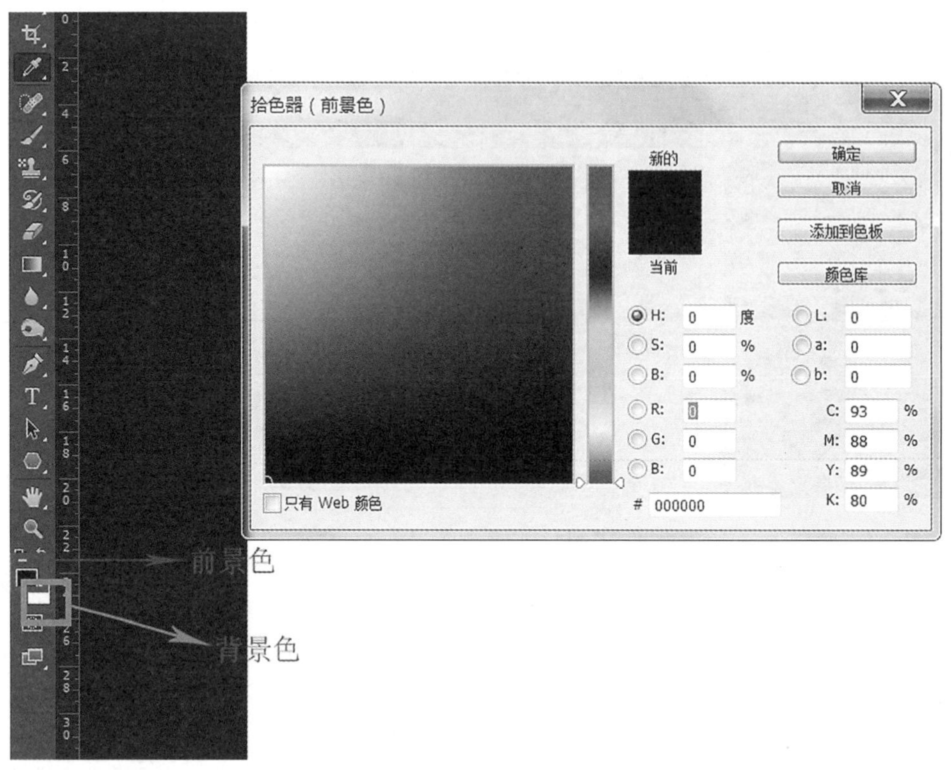

图 11－17　填　充

11.2.9　存储与载入选区

使用“存储选区”命令可以把当前的选区存放在一个新通道中，选择图片点击鼠标右键弹出对话框选择“存储选区”，在对话框中输入文档和通道及存储区名称，点击“确定”即可，如图 11－18 所示。

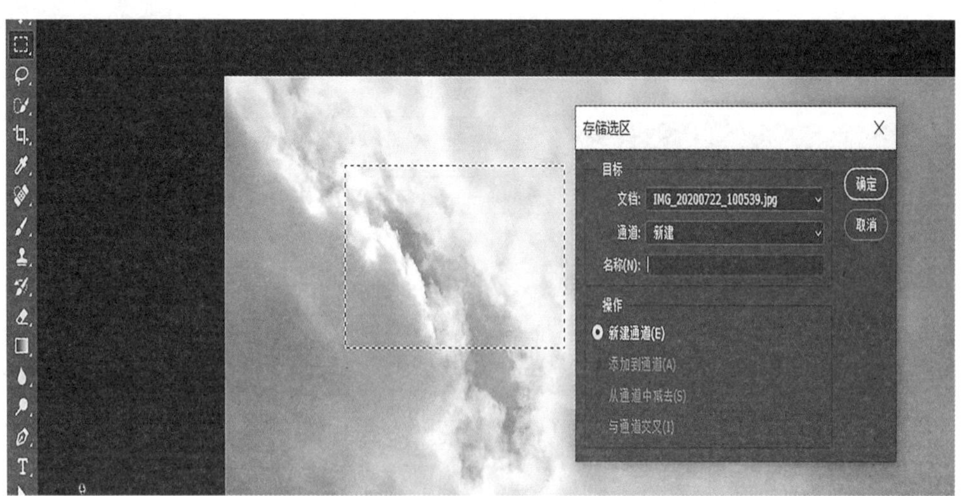

图 11－18　“存储选区”对话框

第 12 章　形状与路径

12.1　形状工具

形状工具（快捷键 M）在 Photoshop CC 2018 中是以特定的造型出现，包括矩形工具，圆角矩形工具，椭圆工具，多边形工具，直线工具，自定义形状工具，通过以上工具，可以完成选区的选择、路径裁剪、选区填充等基本操作。

12.1.1　矩形工具

矩形适用于矩形的绘制，选中图标，在工作面板进行拖动鼠标即可绘制出矩形。拖动中加选“Shift”键，可以绘制出宽度和高度一致的正方形；按“Alt”键，可以绘制沿第一点为中心的图形。“矩形工具”属性栏如图 12－1 所示。

图 12－1　“矩形工具”属性栏

12.1.2　圆角矩形工具

绘制带有倒角的矩形可以使用圆角矩形工具，使用方法如矩形工具。矩形的圆角根据属性栏中的“半径”项的设置不同而显示不同的圆角角度，“0”代表直角，数值越大，角度越平滑。不同半径的圆角矩形如图 12－2 所示。

图 12－2　不同半径圆角矩形效果

12.1.3　多边形工具

绘制正多边形可使用多边形工具，绘制时注意鼠标的起点为多边形的中心点，鼠标的终点为某一端点。多边形的绘制如同“圆角矩形工具”，可以根据需要输入多边形的半径数值进行倒角，半径为 200 像素的三角形如图 12－3 所示。

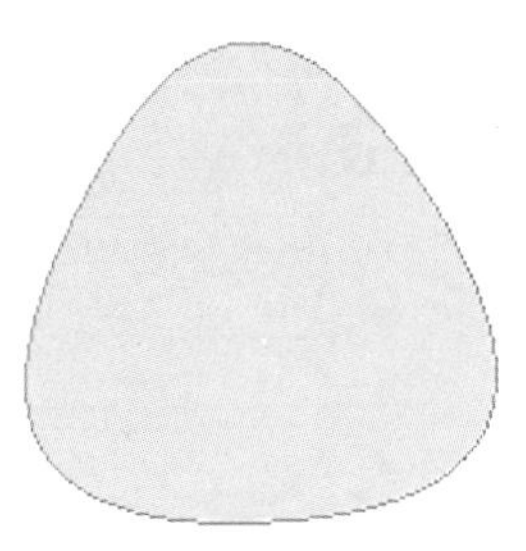
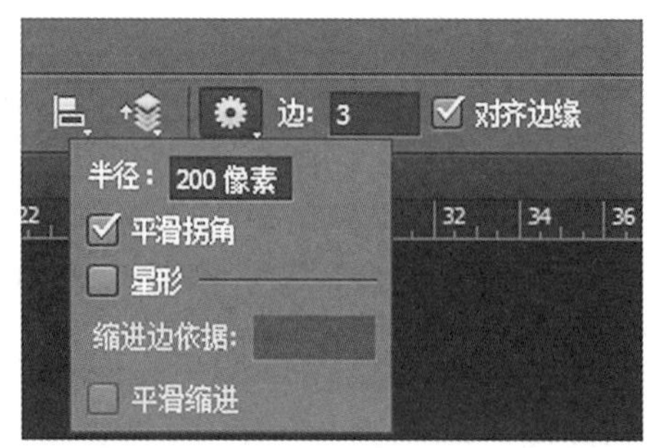

图 12－3　半径为 200 像素的三角形

12.1.4　直线工具

直线工具主要应用于直线以及箭头的绘制，操作方法如同前面的工具操作，鼠标拖动即可创建，在属性工具栏内可以设置详细的参数，如粗细、“设置”中可设置箭头的“起点”和“终点”。

12.1.5　自定义形状工具

针对不规则的图形通常使用自定义形状工具命令，在属性栏中“形状”面板存储着可以选择的外形，如图 12－4 所示。

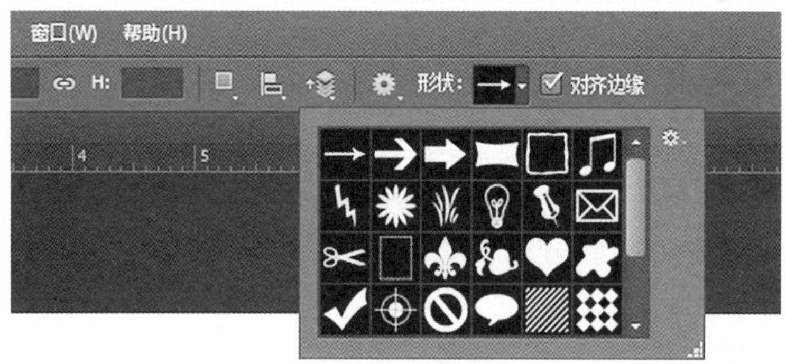

图 12－4　属性栏“形状”面板

12.2　路径工具

路径工具由一个或多个直线段或曲线段组成，路径的形状是由锚点控制的，锚点标记路径段的端点。在曲线线段上，每个选中的锚点显示一条或两条方向线，方向线以方向点结束。方向线和方向点的位置确定曲线段的大小和形状，移动这些方向点元素将改变路径中曲线的形状。路径可以是闭合的，没有起点或终点（如圆）；也可以是开放的，有明显的端点（如波浪线）。

12.2.1　路径的结构

路径作为矢量线条，并不是图像中的真实像素，而是由多个锚点组成的。用户可以通过使用 Photoshop CC 2018 中的路径创建及编辑工具，编辑和制作出各式各样的路径。路径常用于图案的选区描边填充和转换等，具有精确度高、方便调整的优势，可使用路径功能创建需要的不同形状的选区。

（1）锚　点

锚点是组成路径的基本点，不同的锚点连线构成路径。路径上线段的端点用锚点来标记，路径的形态随锚点位置的改变而发生变化。

（2）平滑点和角点

路径包括平滑点和角点两种锚点。两者的区别在于，平滑点两侧的调节柄位于同一条直线上，而角点的则不在一条直线上。此外，由直线组成的路径没有调节柄，但它也属于角点。

（3）工作路径和子路径

工作路径是路径的全称，工作路径可由一个子路径构成，也可由多个子路径构成。用“钢笔”工具或“自由钢笔”工具在图像中创建的路径都是子路径，所有子路径创建完成后，可以通过使用选项栏中的选项将创建完成的子路径组合成新的工作路径。

（4）调节柄和控制点

执行选择平滑点命令，其两侧会各出现一条调节柄，控制点位于调节柄两边的端点，可通过移动控制点的位置来改变平滑点两侧曲线的形态。

12.2.2　钢笔工具

在工具箱中选择“钢笔”，快捷键为“P”，“Shift + P”组合键可以进行“钢笔”和“自由钢笔”之间的快速切换，其相关属性将在属性栏中显示，如图 12－5 所示。

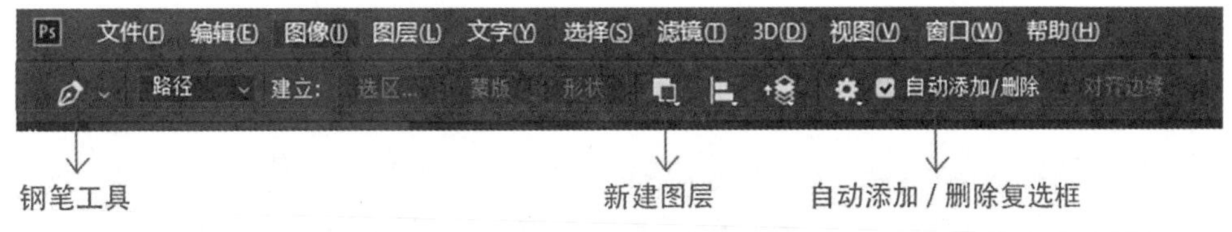

图 12－5　“钢笔工具”属性栏

“自动添加/删除”：勾选“自动添加/删除”复选框，“钢笔”工具就可在绘制路径时进行添加或删除锚点操作。把光标放到绘制完成的路径上，当光标变成附带“+”形状时，单击鼠标左键即可在此处添加一个锚点；同样，当光标变成附带“－”形状时，单击鼠标左键即可删除路径上的这个描点。

路径操作：下列按钮主要表示新路径和原路径的关系，相加相减等方式。

（1）创建新的形状图层

“创建新的形状图层”即可创建新的路径区域，如图 12－6 所示。

图 12－6　创建新的形状图层

(2）合并形状

合并形状表示将现有路径或形状与原路径或形状区域合并，如图 12－7 所示。

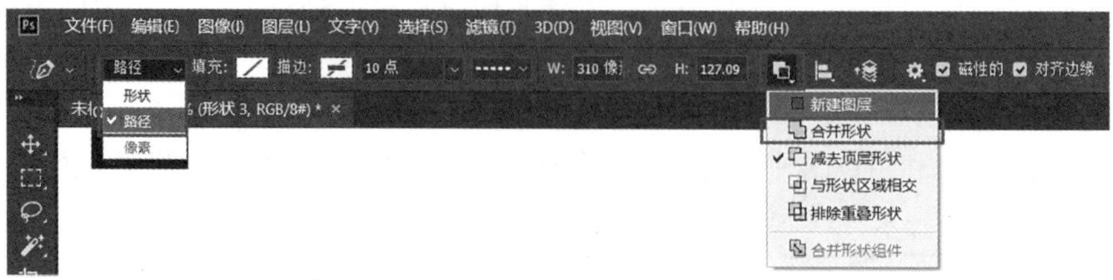

图 12－7　**合并形状**

(3）减去顶层形状

减去顶层形状表示将顶层的现有路径或形状去除，如图 12－8 所示。

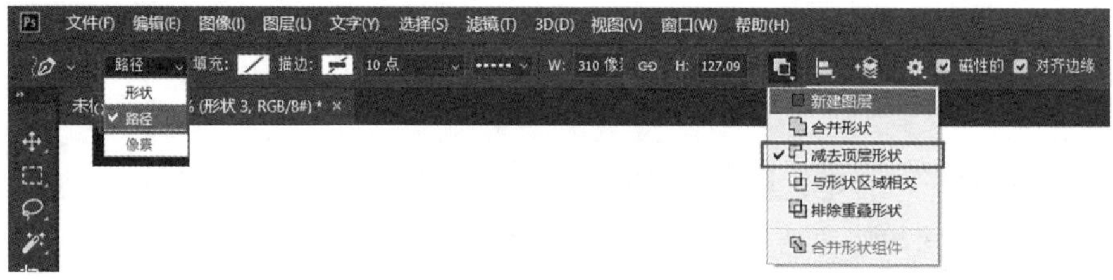

图 12－8　**减去顶层形状**

(4）与形状区域相交

与形状区域相交表示现有路径或形状与原有路径或形状相交，如图 12－9 所示。

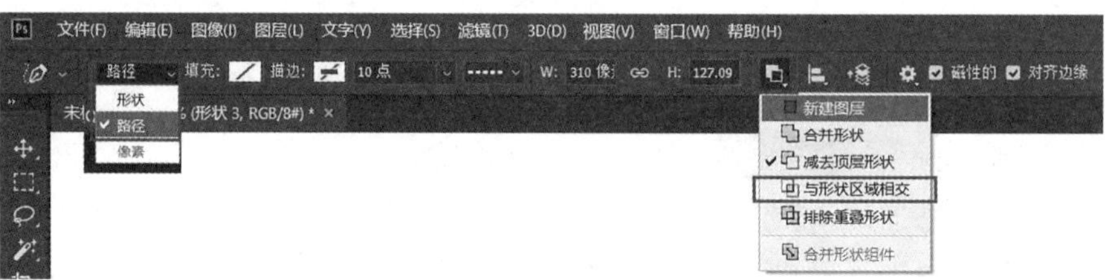

图 12－9　**与形状区域相交**

(5）排除重叠形状

排除重叠形状表示将现有路径或形状与原有路径或形状重叠的部分进行排除，如图 12－10所示。

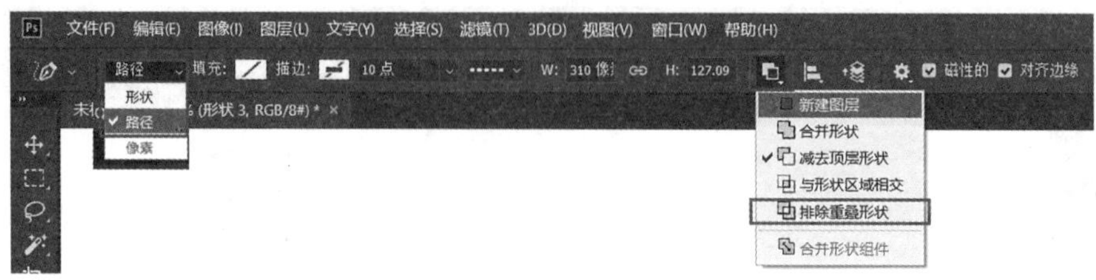

图 12－10　**排除重叠形状**

12.2.3　直线绘制

使用“钢笔”工具需要确定两点来绘制一条直线，具体操作步骤如下。

①选择“钢笔”工具。

②将光标移动到新建的画布，单击鼠标左键绘制第一个锚点，再移动光标到合适位置单击鼠标左键绘制第二个锚点，完成后就会形成一条直线。如图 12－11 所示。

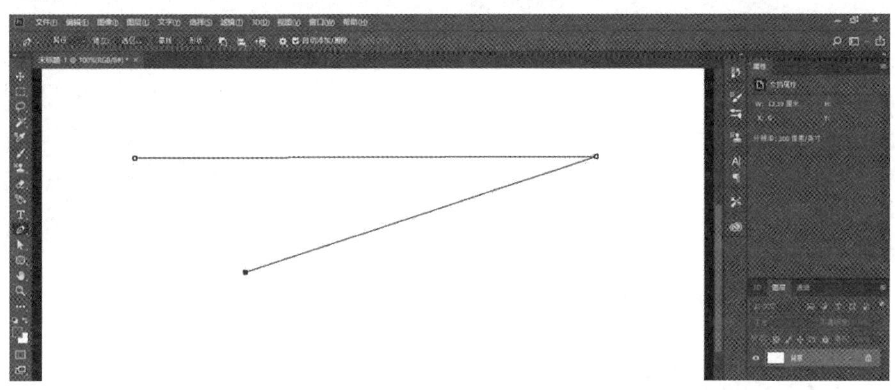

图 12－11　直线绘制

12.2.4　曲线绘制

曲线的绘制与直线绘制相比，增加了锚点的曲度和方向调整。根据直线的绘制，鼠标左键第一个锚点绘制完成后，在绘制第二个锚点时长按鼠标左键不放，移动就可以绘制曲线，具体操作步骤如下：

选择“钢笔”工具，将光标移动到新建的画布，单击鼠标左键绘制第一个锚点，按住鼠标拖动，创建出想要的弧度后放开鼠标，操作即生效，绘制出来的曲线会多了一条直线，用于控制曲线的走势，两端叫作拐点。如图 12－12 所示。

注意：“Ctrl”可以移动锚点，“Alt”打断拐点或者拖拽生成拐点。

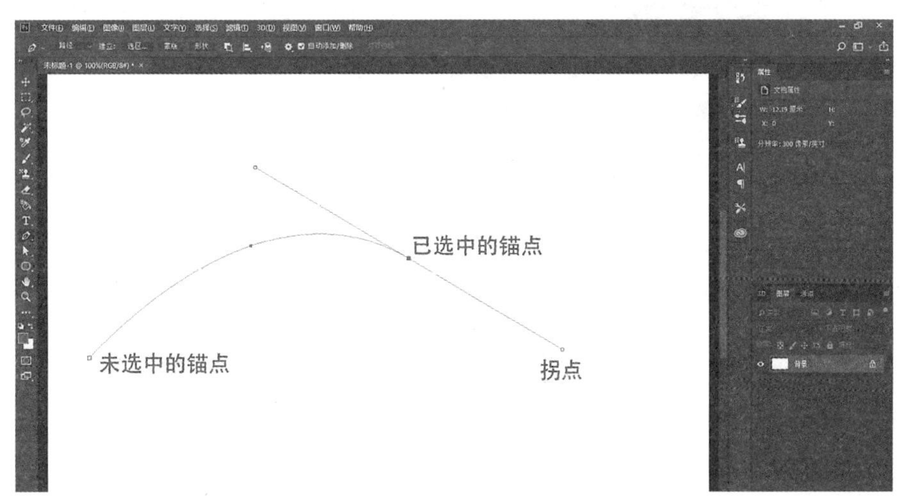

图 12－12　曲线绘制

12.2.5 自由钢笔工具

“自由钢笔工具”属性栏如图 12－13 所示。各项含义如下。

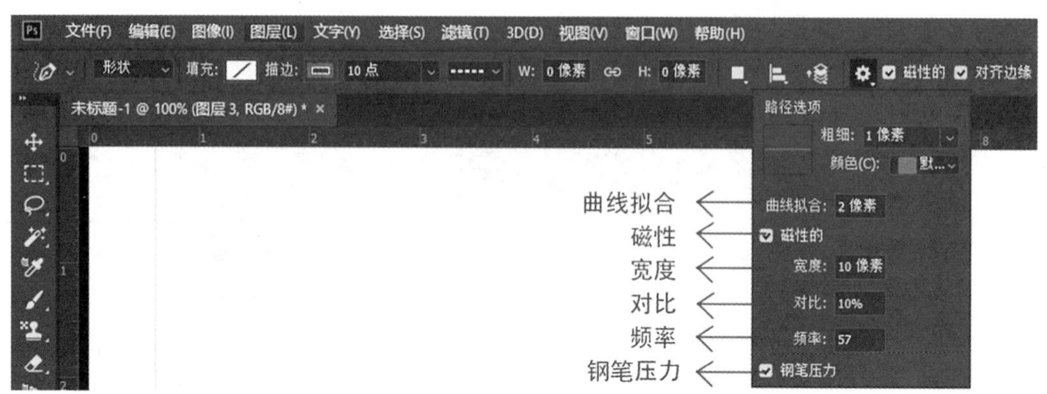

图 12－13 “自由钢笔工具”属性栏

“宽度”：宽度：10 像素 即磁性钢笔探测的距离，可以根据用户想要的宽度来设置像素值，该文本框中的像素在 1～40 之间，磁性钢笔探测的距离随该像素增长而增大。

“对比”：对比：10% 即图像边缘像素之间的对比度，文本框中可输入的百分比值 0～100。值越大，表示对对比度的要求越高。

“频率”：频率：57 即绘制路径时设置锚点的密度，在文本框中可输入 0～100 间的值。

“磁性的”：磁性的 该复选框就是工具选项栏中的“磁性的”复选框。可通过在弹出面板中设置“磁性的”选项中的各项参数。

“钢笔压力”：钢笔压力 只在使用光笔绘图板时起作用。勾选该复选框，会增加钢笔的压力，使“钢笔工具”绘制的路径宽度变小。

“曲线拟合”：曲线拟合：2 像素 该参数直接影响绘制路径时鼠标移动的敏感性。锚点随输入数值的增大而减少，路径也随之越来越光滑。

“自由钢笔”：“自由钢笔工具”随意性很强，可以像画笔一样进行随意的绘制。使用方法与“套索工具”类似。具体步骤如下：

①选择“自由钢笔工具”。

②单击鼠标左键确定起点位置，然后在按住鼠标的情况下随意拖动鼠标。在拖动时可以看到一条尾随的路径，释放鼠标即可完成路径的绘制，如同用笔在纸上书写一样，如图 12－14 所示。

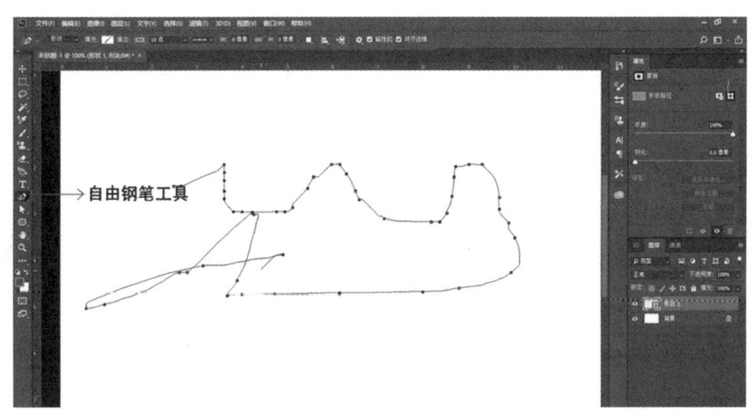

图 12－14　自由钢笔工具

12.3　路径编辑

路径绘制完成后，可使用“添加锚点工具” 添加锚点工具 或“删除锚点工具” 删除锚点工具 对路径进行添加锚点或删除锚点处理，还可以使用“转换点工具”对路径的角点、拐角点和平滑点之间进行切换和修改。

12.3.1　添加或删除锚点

可以在工具的选项栏中勾选“自动添加/删除” 自动添加/删除 复选项，也可以选择“添加锚点”，在路径上单击添加锚点。选择“删除锚点”，在锚点上单击可以将其删除。如图 12－15 所示。

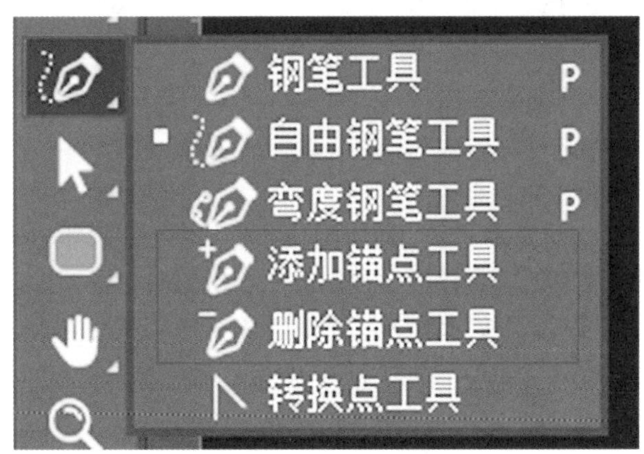

图 12－15　添加/删除锚点

12.3.2　转换点工具

路径上的锚点包括角点和平滑点，两种锚点之间可以相互转换。可通过选择“转换点”，根据弹出选项，选择相应的转换命令，如“平滑点将其转换为角点”，若要将其还原成平滑点，只需拖拽路径上的角度即能完成操作。如图 12－15 所示。

12.3.3 路径选择工具

“路径选择”工具是对路径和子路径进行选择、移动、对齐和复制等操作的集合工具命令。被选择的子路径上的锚点全部显示为黑色。选择工具后，其属性栏如图 12－16 所示，各项功能介绍如下。

图 12－16 “路径选择工具”属性栏

选择“路径图层”按钮：“合并”“减去”“相交”“排除” 4 个选项用于对子路径间的计算，即可以对路径进行添加、减去、相交和反交的计算。如图 12－17 所示。

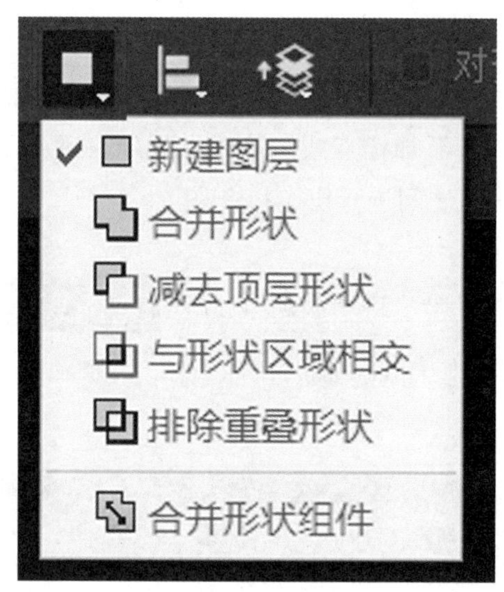

图 12－17 子路径计算

选择按钮：该按钮是对两个及两个以上子路径的位置和排序的设置，是对被选择的各个子路径的对齐方法的处理，包括“左对齐”“水平居中”“右对齐”等 8 项排列方法，如图 12－18 所示。其中“按宽度均匀分布”和“按高度均匀分布”只有在 3 个及 3 个以上子路径被选择的情况下才可以使用。

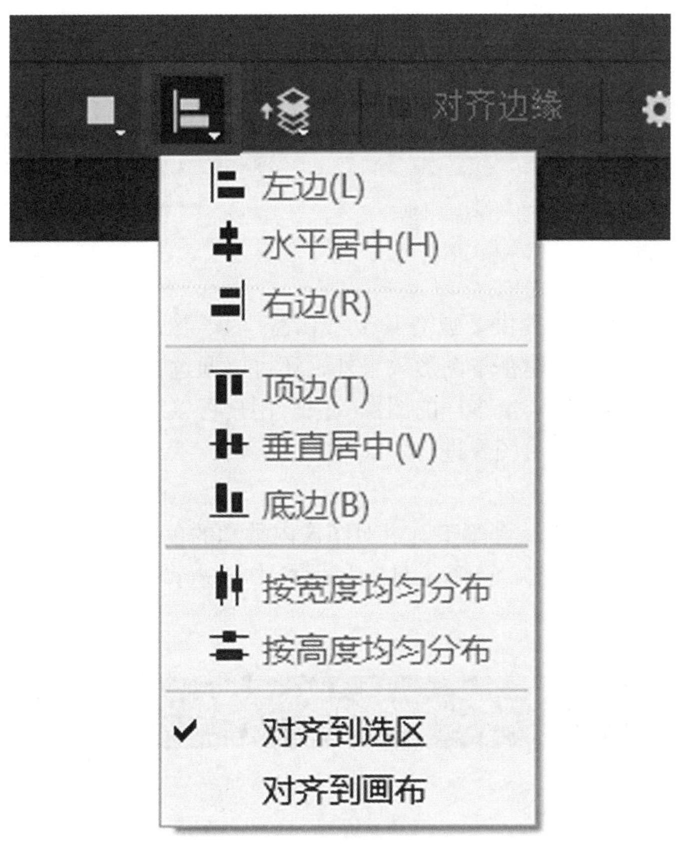

图 12－18　子路径排列方法

12.3.4　直接选择工具

“直接选择”工具可以用于路径和子路径的选择和移动其锚点和控制点，使用“直接选择” 可以对路径和锚点进行的操作有以下几种：

①路径上的锚点可以直接选择，单击显示黑色表示该路径已被选中。

②直接拖拽图像中的锚点可以将其移动，也可以拖拽两锚点之间的路径对其整体进行调整。

③按住“Alt”键单击子路径，就可以选择整个子路径。

④按住“Shift”键，可以任意加选多个锚点。

第 13 章　图像的绘制与修饰类工具使用

13.1　绘图工具

Photoshop CC 2018 软件提供了画笔工具、铅笔工具、橡皮擦工具、渐变工具等绘图工具。这些绘图工具除可以创建基本图形效果外，还可以通过自定义画笔样式和铅笔样式创建特殊的图形效果，制作出丰富多样的图像效果。用户可以结合这些工具的使用充分发挥自己的创造性，更加便利地对图像进行各式各样的编辑，从而制作出理想的作品。

13.1.1　画笔工具

在 Photoshop CC 2018 中，画笔工具可对图像内柔和的色彩线条黑白线条操作。单击工具箱中的“画笔工具”按钮，“画笔工具”属性栏中将显示画笔工具的各项参数设置，如图 13－1 所示。

图 13－1　“画笔工具”属性栏

①在 的下拉列表中可以设置画笔大小（画笔宽度）、硬度等（边缘羽化值），如图 13－2 所示。

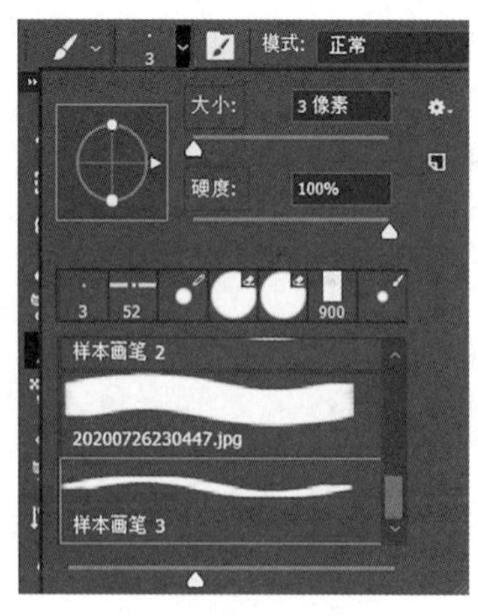

图 13－2　画笔预设

②在模式:的下拉列表中可以设置画笔的混合模式，如图 13－3 所示。

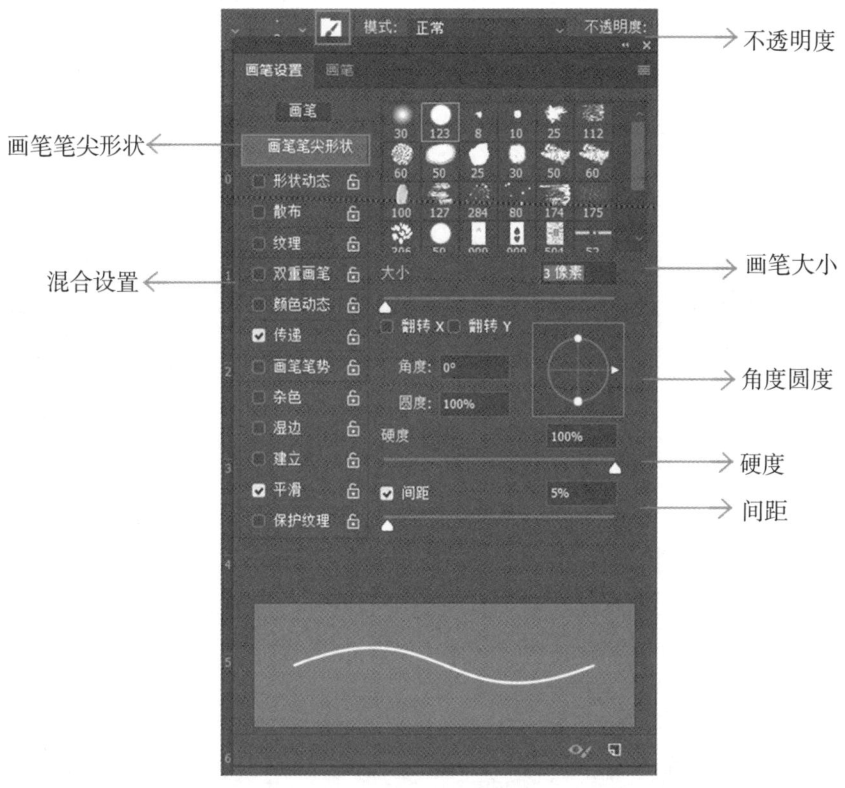

图 13－3　调整画笔预设

③在流量: 100%中可设置画笔绘制时的流量，数值越小画笔颜色越淡。

④在不透明度: 100%输入框中输入数值，可设置画笔颜色对图像的掩盖程度。当不透明度值为 100% 时，绘图颜色完全覆盖图像；不透明度值越低，透明效果越好。

⑤可在大小: 10 像素框中输入数值 1 到 100 来设置画笔大小，数值越大，画笔越粗。如图 13－4 所示，分别显示了画笔大小在 10 像素和 100 像素的绘制效果。

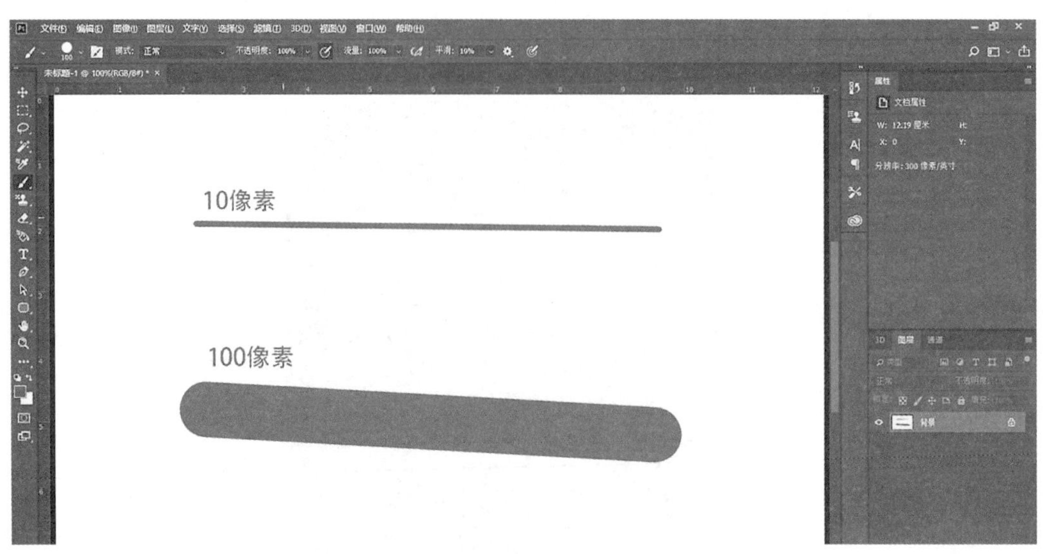

图 13－4　画笔大小差异

13.1.2　自定义画笔

可通过调整画笔的属性来在绘制图像时达到想要的绘制效果，常用的画笔形状可将其保存到画笔列表中，具体操作步骤如下。

①打开 PS 素材，如图 13－5 所示。

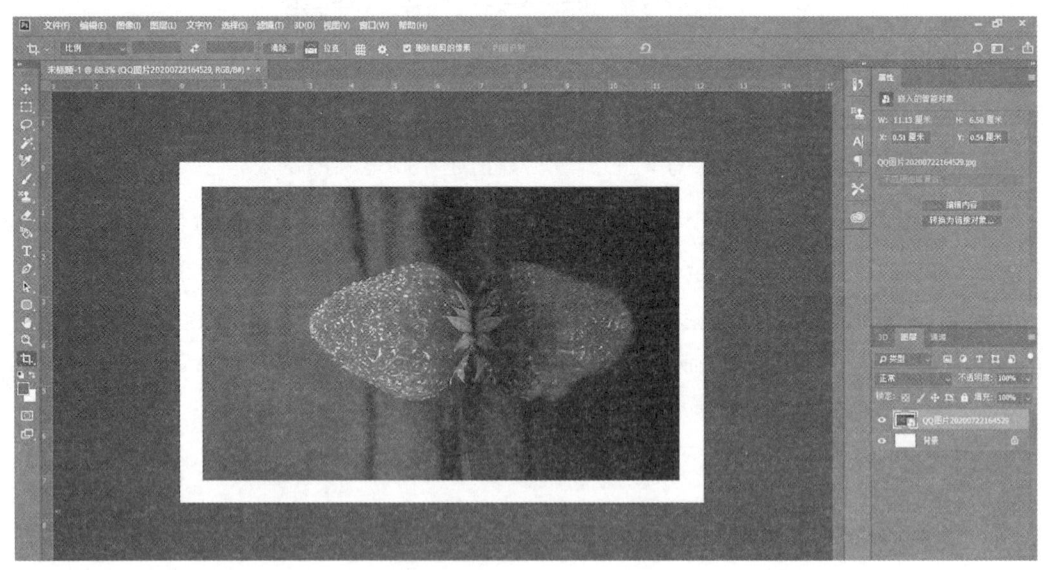

图 13－5　素　材

②用“快速选择”工具选中想要的区域，如图 13－6 所示。

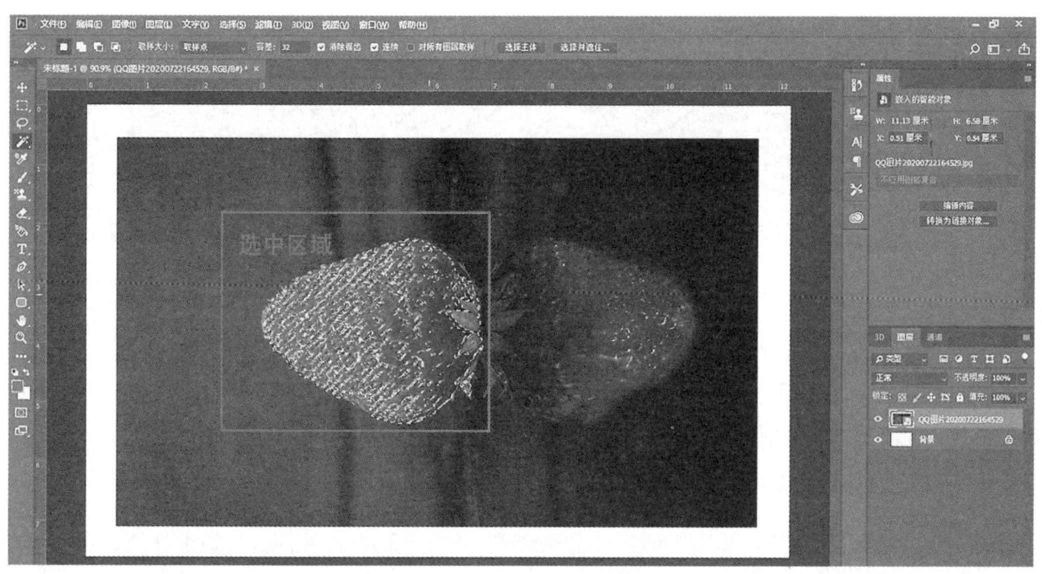

图 13－6　选中区域

③选择“编辑”命令中的“定义画笔预设”命令，如图 13－7 所示。

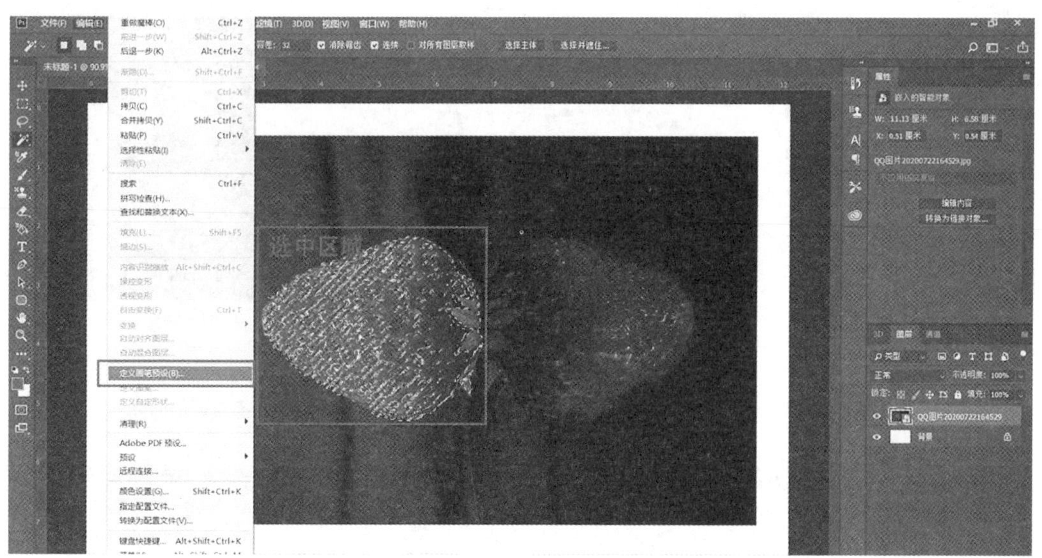

图 13－7　定义画笔预设

④在名称文本框里输入画笔（草莓）名称，单击“确定”按钮，选取图像定义为画笔，完成效果，如图 13－8 所示。

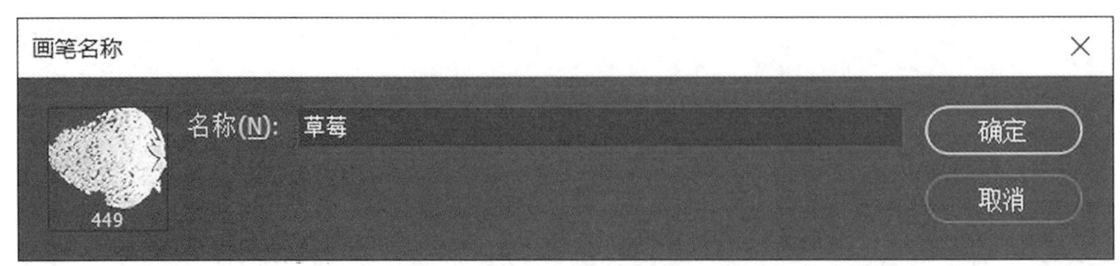

图 13－8　命　名

13.1.3　铅笔工具

Photoshop CC 2018 中的“铅笔”工具类似实体画笔，多用于绘制硬边画笔的笔触，使用“铅笔工具”绘制的图像线条比较尖锐，与钢笔画出的直线类似。它的使用方法与“画笔工具”的使用方法类似，单击鼠标左键按住不放拖动即可完成绘制，如图 13－9 所示。

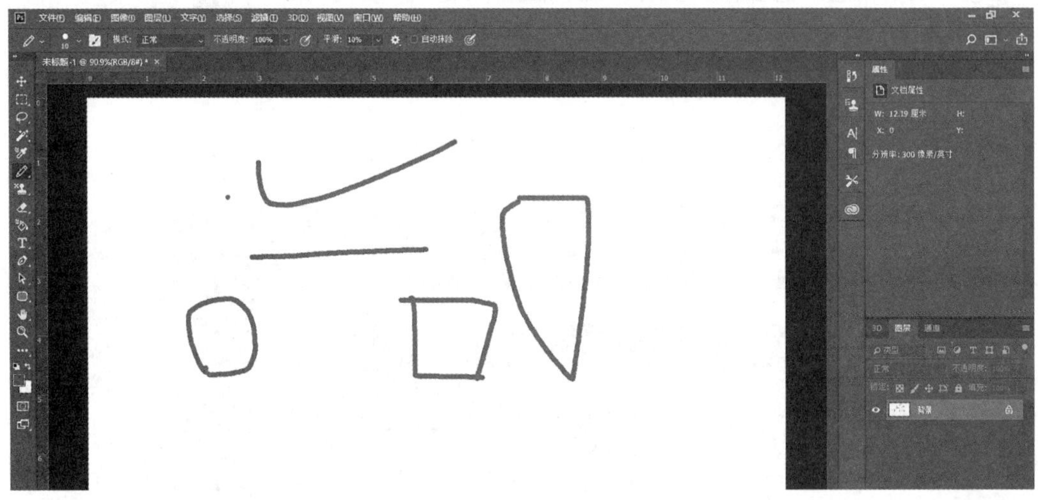

图 13－9　铅笔工具

单击工具箱中的“铅笔工具”按钮，“铅笔工具”属性栏如图 13－10 所示。

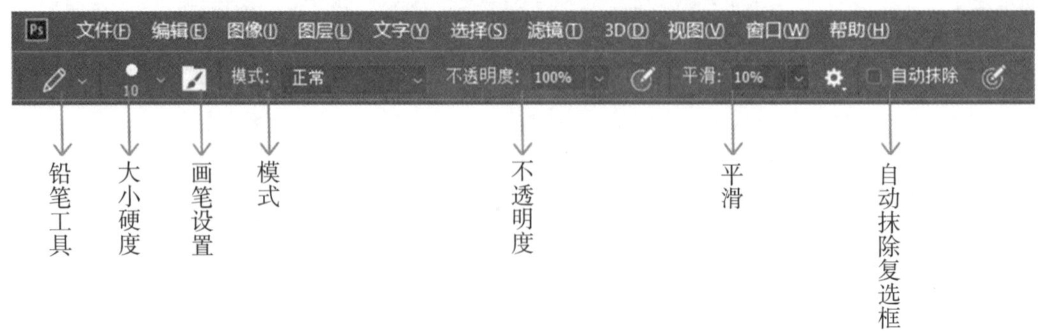

图 13－10　“铅笔工具”属性栏

“铅笔工具”属性栏中的选项类似于画笔工具的选项，使用方法也大同小异。

“自动抹除” 是铅笔工具中的特殊功能，选中此复选框时，鼠标单击起始点的像素关系着所绘制图像效果，绘制图像过程中，当鼠标起始点的像素颜色与前景色相同时，铅笔工具就可进行擦除操作，然后采用背景色进行绘制，如果不同就采用前景色绘制。

注意：使用“铅笔”工具可以以直线的方式进行绘制，在按住“Shift”键的同时，使用铅笔工具在图像中按住鼠标左键拖动即可。

13.1.4　橡皮擦工具

选择“橡皮擦工具”，在图像中拖动鼠标就可以根据画笔形状对图像进行擦除，其属性栏如图 13－11 所示，可在属性栏中设置“橡皮擦工具”的各项参数，各选项具体含义如下。

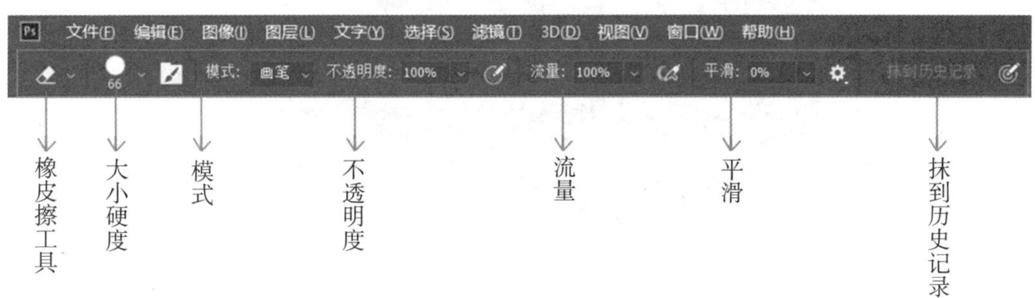

图 13－11　“橡皮擦工具”属性栏

模式：单击其右侧的下拉按钮，在下拉列表中有三种擦除模式可以供选择：画笔、铅笔和块。

抹除历史记录：勾选此复选框，可以查看抹除记录以及恢复步骤。

使用橡皮擦工具的操作步骤如下。

①打开素材，如图 13－12 所示。

图 13－12　素　材

②选择“橡皮擦工具”，拖动图像中的鼠标将方框内的像素进行擦除，擦除后的效果，如图 13 – 13 所示。

图 13 – 13 **橡皮擦**

注意：按住“Shift”键拖动鼠标，橡皮擦工具可以水平和垂直移动并擦除图像。

4. 1. 5　油漆桶工具

“油漆桶工具”可对图像进行图案或者颜色填充，单击工具箱中的“油漆桶工具”，“油漆桶工具”属性栏如图 13 – 14 所示，其中选项的含义如下。

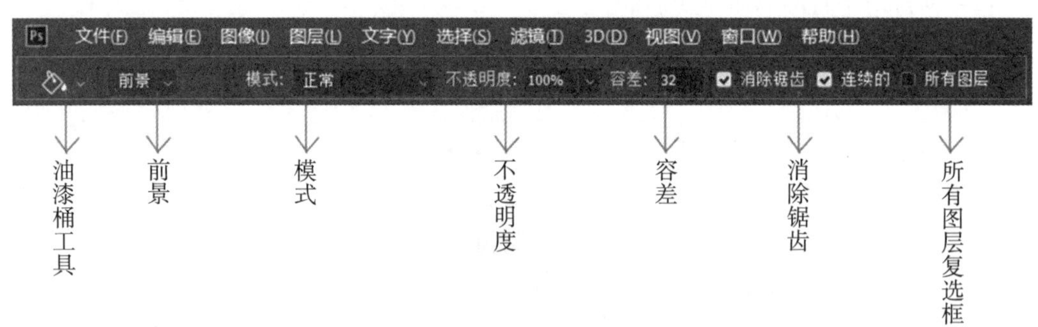

图 13 – 14 **“油漆桶工具”属性栏**

“填充”：前景 图案 可以设置填充选项，选择“前景”选项，则使用前景色填充；若选择“图案”选项，则使用设置好的图案进行填充。在“图案”下拉列表框中可选择要使用的填充图案。

“模式”：模式：正常 设置合成模式可以混合显示，用油漆桶工具填充图案颜色和源图像的颜色，如图 13 – 15 所示。

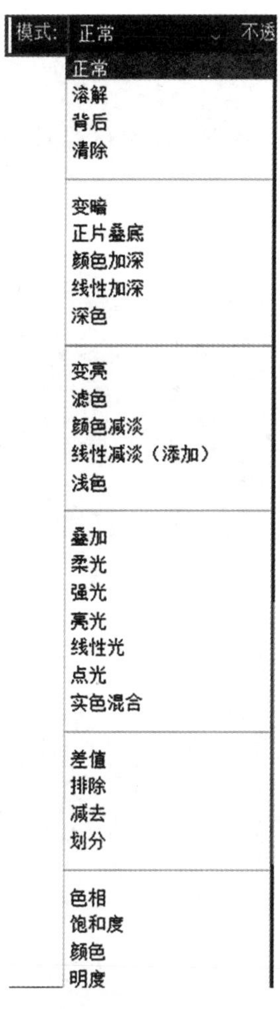

图 13－15　模　式

“不透明度”：不透明度 100% 用于调整油漆桶工具填充图案或者颜色的不透明度，值越小透明度越高。

“容差”：容差 32 表示图像中的填色范围，值越小，填充颜色的范围越小；反之，则越大。

“消除锯齿”：消除锯齿 当图像中存在选区时，勾选该复选框即可去除填充后的锯齿状边缘。

“连续的”：连续的 勾选该复选框，油漆桶工具只能用于鼠标起点处颜色相同或相近的图像区域的填充。

“所有图层”：所有图层 勾选该复选框，可对所有图层中的图像进行颜色填充。

“油漆桶”工具的具体使用步骤。

①打开素材，如图 13－16 所示。

图 13－16　素　材

②选中要填充的区域（天空），如图 13－17 所示。

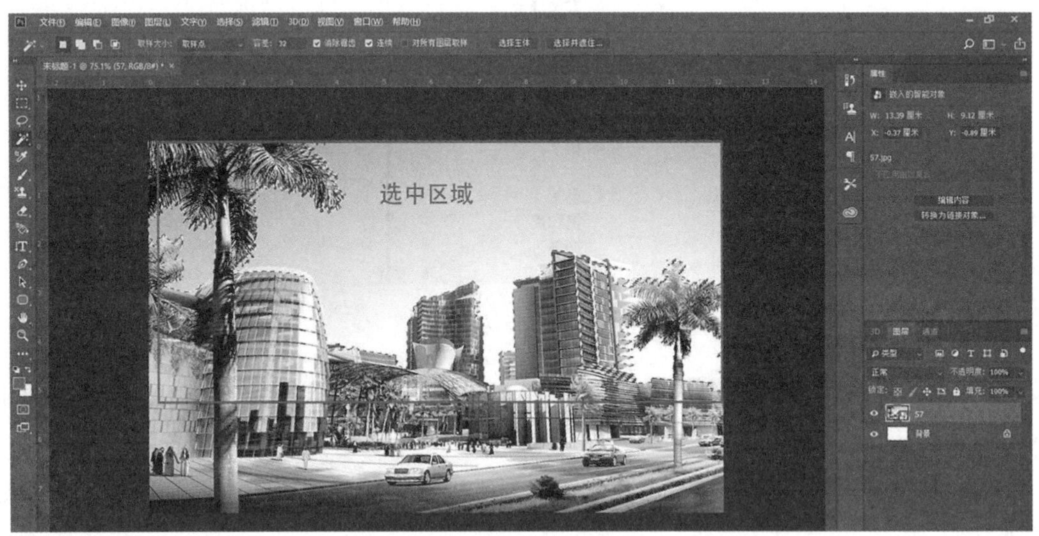

图 13－17　选中区域

③用“油漆桶”工具对天空进行灰色填充，效果如图 13－18 所示。

图 13－18　**填充选中区域效果**

13.1.6　渐变工具

在工具箱中选择“渐变工具”，“渐变工具”属性栏设置如图 13－19 所示，各选项含义如下。

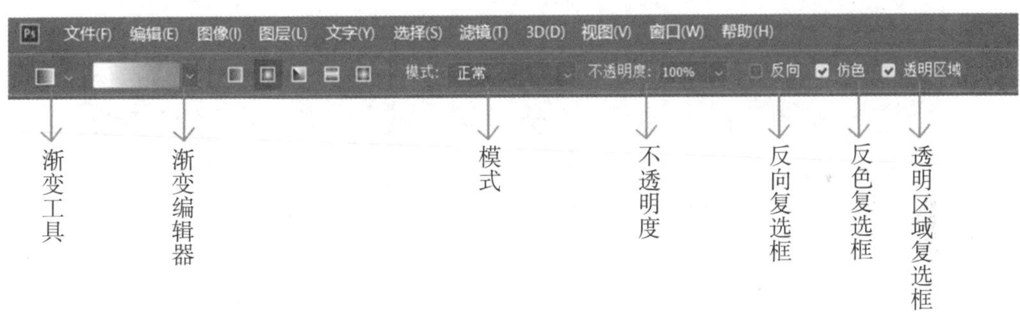

图 13－19　**“渐变工具”属性栏**

这组按钮分别代表线性渐变、径向渐变、角度渐变、对称渐变和菱形渐变 5 种渐变模式。

“模式”：此选项可进行混合渐变和源图像颜色。

“不透明度”：用于设置渐变色的透明度。

“反向”：在勾选此复选框时，可进行反向选择渐变颜色。

“仿色”：勾选此复选框，可以柔和急剧变化部分出现的颜色边界线。

“透明区域”：与渐变色一同设定的透明度。

打开渐变编辑器，如图 13－20 所示。

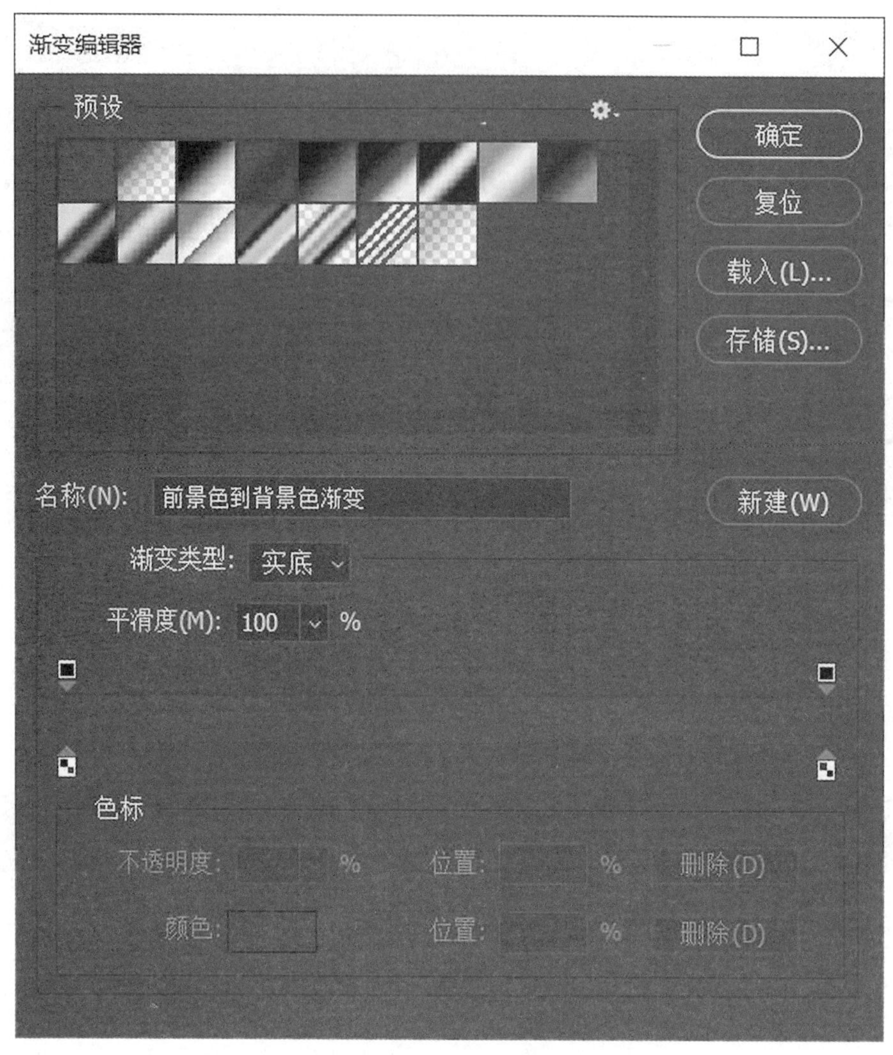

图 13－20　渐变编辑器

"渐变"工具可以设置不同色和同一色明暗度不同等渐变效果的表现。

13.1.7　历史记录画笔工具

"历史记录画笔"工具用于对历史记录查找恢复等一系列操作的工具，下面通过一个例子来展示。

①打开素材，如图 13－21 所示。

图 13－21　素　材

②对图片进行随意调整，效果如图 13－22 所示。

图 13－22　随意调整后的效果

③历史记录面板左侧单击“打开”列表前的小方块，设置历史记录画笔的源，此时小方块内会出现一个历史画笔图标，如图 13－23 所示。

图 13－23　历史记录面板

④点击“历史操作”就可以回到未填充时的效果。

13.2　修饰类工具

Photoshop CC 2018 提供了多种具有强大功能的修图工具（组），如“加深”“减淡”“图章”“修复”“橡皮擦”“颜色替换”“混合器画笔”等，下面对这些工具展开介绍。

13.2.1　加深、减淡工具

加深和减淡工具用来修饰局部图像的明度，在园林设计表达中经常用于颜色明度的过渡、明暗面的修饰，如图 13－24 所示。

图 13－24　使用加深、减淡的过渡效果

13.2.2　修复工具组

“修复工具组”用于修复图像中的瑕疵，移去图像中的污点和错误色斑。该工具组包括“污点修复画笔”、“修复画笔工具”、“修补工具”、“内容感知移动工具”和“红眼工具”5 个工具。

（1）污点修复画笔工具

污点修复画笔能快速移去图像中的污点，通过将取样图像中某一点的图像修复到当前要修复的位置，并将取样像素的纹理、光照、透明度和阴影与所修复的像素相匹配，最终达到修复效果。选择工具箱中的“污点修复画笔”，“污点修复画笔工具”属性栏设置如图 13－25 所示，各选项含义如下。

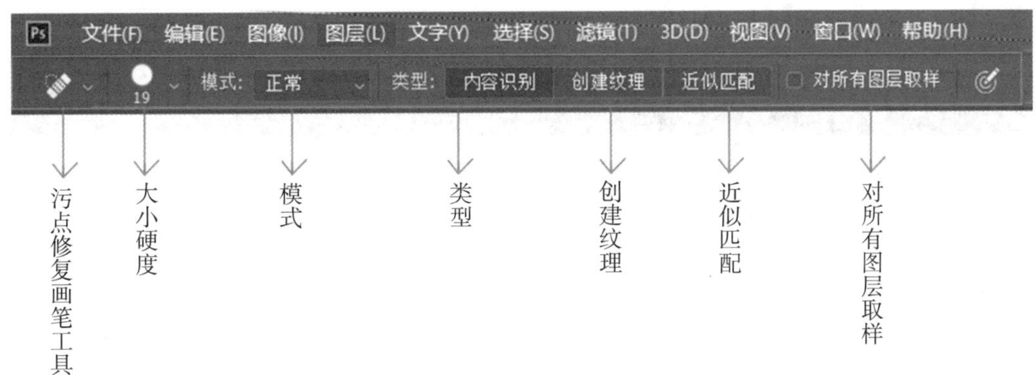

图 13－25　**“修复污点画笔工具”属性栏**

“模式”：指选择所需的修复模式。

“类型”：是指设置画笔修复图像区域后的类型。

“对所有图层取样”：是指设置画笔修复的取样范围。

（2）修复画笔工具

修复画笔工具的工作方式与“污点修复画笔”工具类似，其不同之处在于“修复画笔”工具必须从图像中取样，且在修复的同时将样本像素的纹理、光照、透明度和阴影与所修复的像素相匹配，从而达到将修复后的像素完美地融入图像其余部分的效果。选择工具箱中的“修复画笔”，“修复画笔工具”属性栏设置如图 13－26 所示，各选项含义如下。

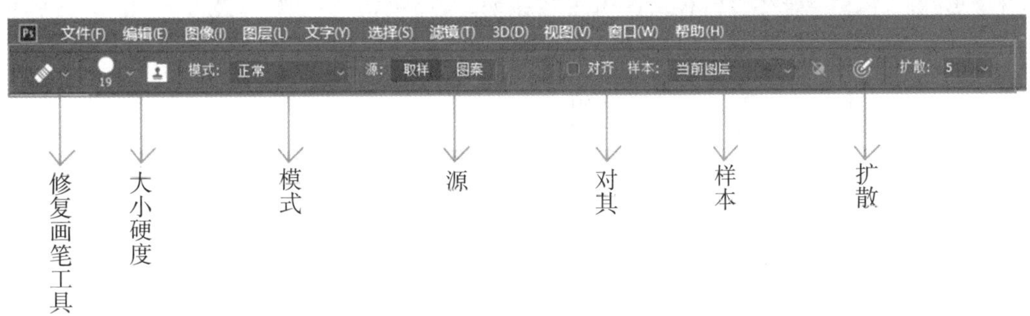

图 13－26　**“修复画笔工具”属性栏**

“模式”：即选择所需的修复模式。

“源”：即设置修复像素的源。

“对齐”：即设置是否对齐样本像素。

“样本”：即设置取样范围。

（3）修补工具

修补工具可以将其他区域或图案中的像素用来修复选中的区域，该工具将样本像素的纹理、光照和阴影与源像素进行匹配，从而使修复图像达到更为自然的效果。选择工具箱中的“修补”，“修补工具”属性栏设置如图 13－27 所示，各选项含义如下。

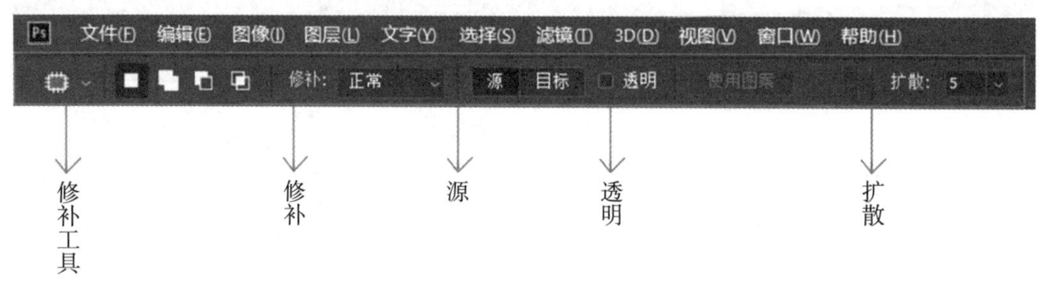

图 13－27 “修补工具”属性栏

“源”：即将选中的区域拖动到用来修复的目的地。

“目标”：即将目标区域修补要修复的区域。

“透明”：即使修复的区域应用透明度。

“使用图案”：即将所选区域填充为所需要的图案。

（4）内容感知移动工具

内容感知移动工具可以将其他区域或图案中的像素用来修复选中的区域，该工具是将样本像素的纹理、光照和阴影与源像素进行匹配，使修复图像达到更为自然的效果。“内容感知移动工具”属性栏设置如图 13－28 所示，各选项含义如下。

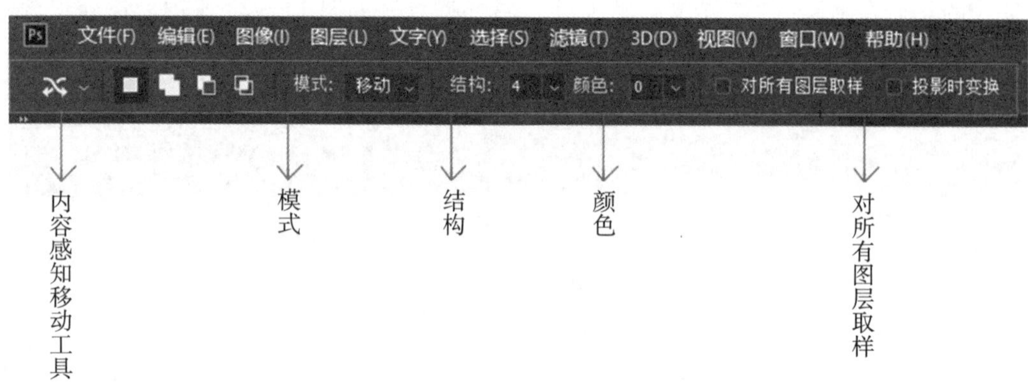

图 13－28 “内容感知移动工具”属性栏

“模式”：即用于选择重新混合模式。

“适应”：即用于选择区域保留的严格程度。

“对所有图层取样”：即用于启用重新混合所有图层。

（5）红眼工具

红眼工具用于移除用闪光灯拍摄的人物照片中的红眼，也是移除用闪光灯拍摄的动物照片中的白色或绿色反光；选择工具箱中的“红眼工具”，“红眼工具”工具属性栏设置如图 13－29 所示，各选项含义如下。

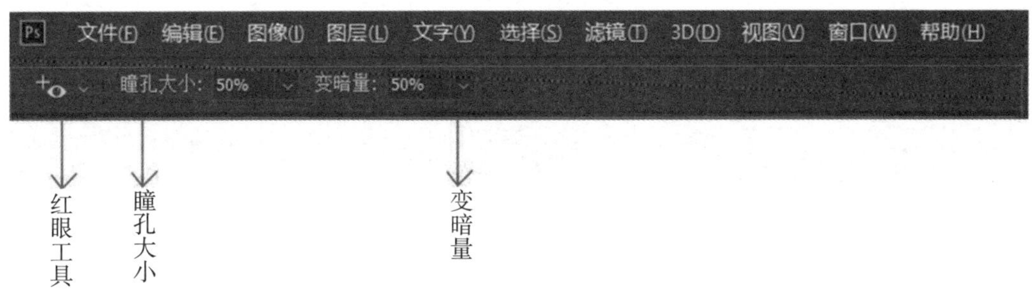

图 13－29 “红眼工具”属性栏

“瞳孔大小”：用于设置图像中眼睛的瞳孔或中心的黑色部分的大小比例。

“变暗量”：用于设置瞳孔变暗量。

13.2.3 图章工具组

图章工具组包括“仿制图章”和“图案图章”两个工具，使用这两个工具可以在图像中完成图像的复制，复制的方式有所不同；“仿制图章”工具是对图像中的样本进行复制，“图案图章”则利用图案进行绘画，从图案库中选择图像或者自定义创建图案。

（1）仿制图章工具

仿制图章工具，在按住“Alt”键的同时单击鼠标左键即可从图像中取样，取样完成后按住鼠标左键并拖动鼠标即可将样本应用到其他图像或同一图像的其他部分。选择工具箱中的“仿制图章工具”，“仿制图章工具”属性栏设置如图 13－30 所示，各选项含义如下。

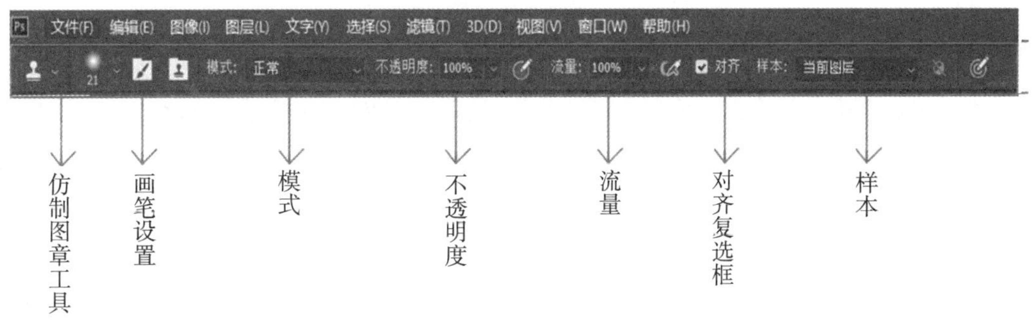

图 13－30 “仿制图章工具”属性栏

“模式”：即选择仿制图章的效果模式。

“不透明度”：即设置描边的不透明度。

“流量”：即设置描边的流动速度。

“对齐”：即对每个描边使用相同的位移。

“样本”：即仿制的样本模式。

（2）图案图章工具

图案图章工具可以利用图案进行绘画，也可以从预设的图案库中选择自定义图案来完成图案的绘制。选择工具箱中的“图案图章工具”，“图案图章工具”属性栏设置如图13－31所示，各选项含义如下。

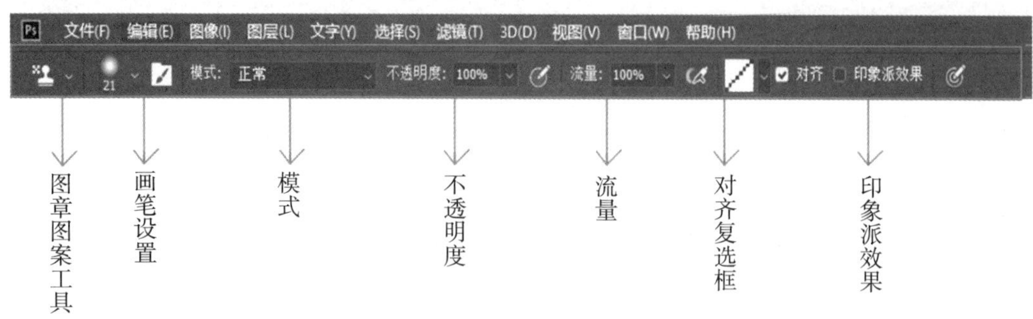

图13－31 “图案图章工具”属性栏

“模式”：用于更改图案图章的效果模式。

“不透明度”：可更改描边的不透明度。

“流量”：可用于更改描边的流动速度。

“对齐”：即对每个描边使用相同的位移。

“印象派效果”：即将图案进行渲染为绘画轻涂以获得印象派效果。

13.2.4 颜色替换工具

颜色替换工具常用来校正图像中较小区域颜色的图像，它通过使用前景色对图像中特定的颜色进行替换；选择工具箱中的“颜色替换工具”，“颜色替换工具”属性栏如图13－32所示，各选项的具体含义如下。

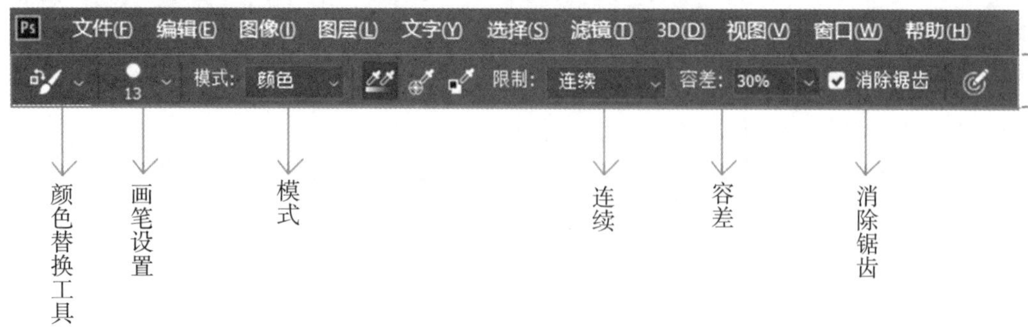

13－32 “颜色替换工具”属性栏

“模式”：用于更改绘画模式。

“取样”：包含“连续”“一次”和“背景色板”三个按钮。

“限制”：可确定替换颜色的范围。

“容差”：可选择相关颜色的容差。

“消除锯齿”：对画笔应用程序消除锯齿。

13.2.5　混合器画笔工具

选择工具箱中的“混合器画笔工具”，“混合器画笔工具”属性栏如图 13－33 所示。其中选项的具体含义如下：

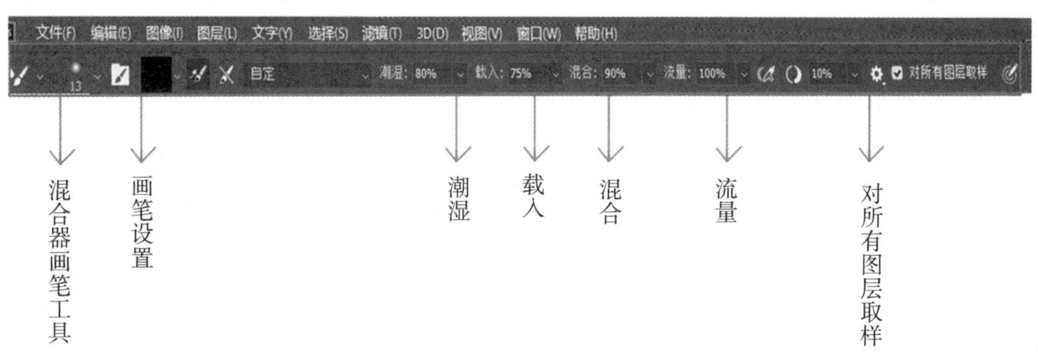

图 13－33　“混合器画笔工具”属性栏

“潮湿”：可从画布中拾取的油彩量。

“载入”：可更改画笔上的油彩量。

“混合”：可更改描边的颜色混合比。

“流量”：通过需求可更改描边的流动速率。

“对所有图层取样”：可通过所有图层拾取湿油彩。

第 14 章　控制类面板工具的应用

Photoshop CC 2018 中常用控制类面板主要是指图层控制面板、通道控制面板和历史记录控制面板，主要针对图层的新建、复制、图层混合模式、图层样式、通道选区等的编辑。

14.1　图层控制面板

通俗地讲，图层就像是含有文字、图形等元素的胶片，一张张按顺序叠放在一起，组合起来形成页面的最终效果。图层可以将页面上的元素精确定位。图层中可以加入文本、图片，也可以再嵌图层。本节介绍 Photoshop CC 2018 中图层的创建与使用，包括填充图层、调整图层、智能对象和图层复合等。通过本章的学习，我们将知道什么是图层以及图层的运用与编辑方法。图层面板样式图 14 - 1 所示为。

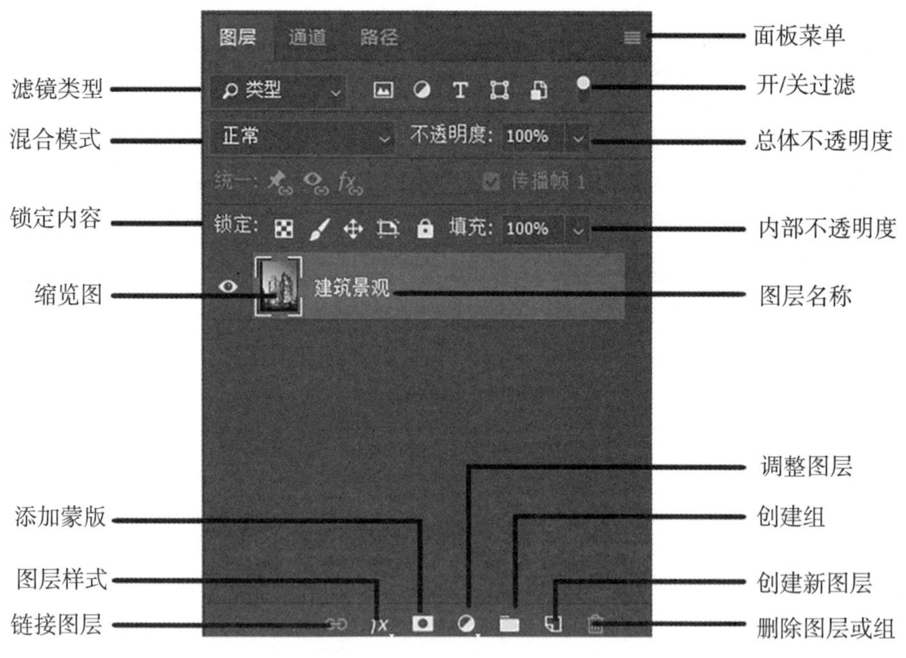

图 14 - 1　图层面板

14.1.1　新建图层

单击图层面板的“创建新图层”按钮，即可完成创建，或使用快捷键“Ctrl + Shift + N”直接创建，如图 14 - 2 所示。双击新建图层名称位置，“名称”处显示蓝色即可编辑图层名称。

图 14－2　新建图层

14.1.2　填充图层

填充图层用以填充纯色、渐变色、图案，或者调整色彩，如色相饱和度、色阶、曲线等，在菜单栏中点击“图层”→“新建填充图层”命令弹出如图 14－3 所示界面。

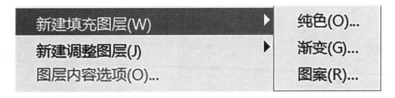

图 14－3　填充图层

根据需要填充的内容选择相应的命令，具体操作如下：

打开素材图片“背景”和“建筑景观”，选择图案，点击“编辑”→“定义图案”命令，点击“确定”将“背景”设为图案（注：此步骤的背景需要在单独的 Photoshop 文件里进行编辑）。再次点击“图层”→“新建填充图层”→“图案”命令，打开“新建图层”对话框，如图 14－4 所示。

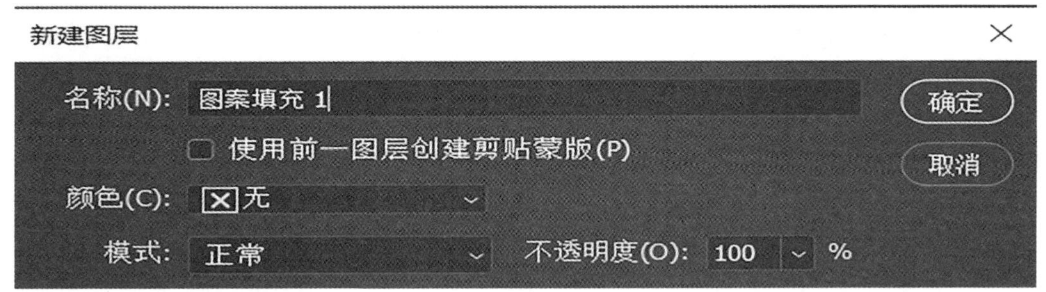

图 14－4　“新建图层”对话框

单击“确定”，弹出“图案填充”对话框，如图 14－5 所示。

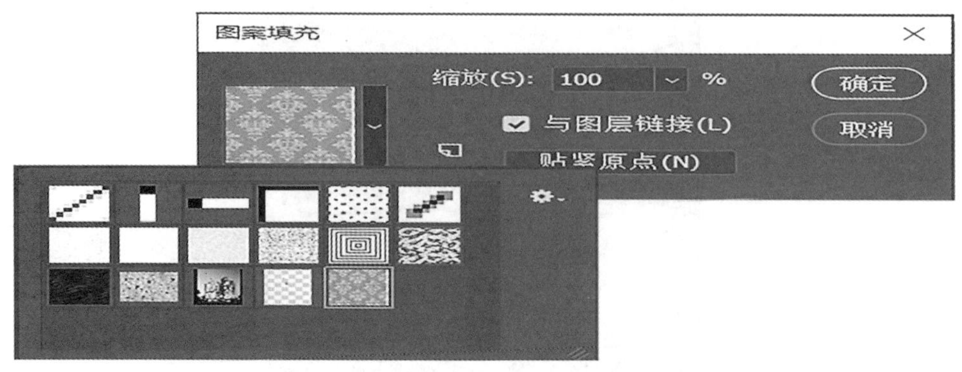

图 14－5　“图案填充”对话框

单击“确定”，完成添加图案填充图层，填充前后效果对比如图 14－6 所示。

图 14－6　填充前后效果对比

14.1.3　调整图层

（1）调整图层

调整图层是对选中图层的色调、明度、对比度等进行调和，“调整”面板一般位于软件界面的右侧，单击调整图标，可打开相应的调整命令，如图 14－7 所示。

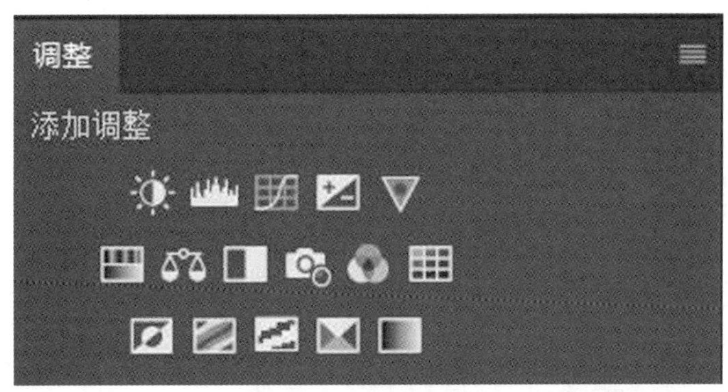

图 14－7　调整面板

在“图层”面板中，先选中上述素材图层，按下“Ctrl”键，再单击“建筑景观”图层的缩略图，可以把图层中的图像载入选区。在“调整”面板中，单击“色相/饱和度”或使用快捷键“Ctrl + U”调出控制面板，同时，在“图层”面板中创建“调整”图层，如图 14－8 所示。

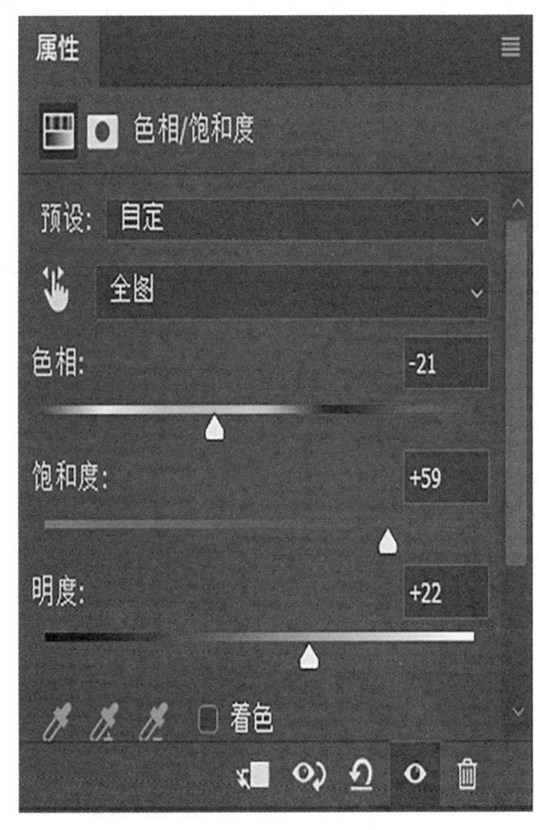

图 14－8　“属性”面板

设置色相/饱和度的各项参数后，图像的颜色也会随之改变，调整前后效果对比如图 14－9 所示。

图 14－9　调整效果前后对比

（2）应用菜单命令创建调整图层

在按“Ctrl”键的同时单击“建筑景观”图层的缩览图，载入图像选区。点击菜单栏“图层”→“新建调整图层”命令，打开“新建调整图层”对话框，如图 14－10 所示，选择“通道混合器”命令。

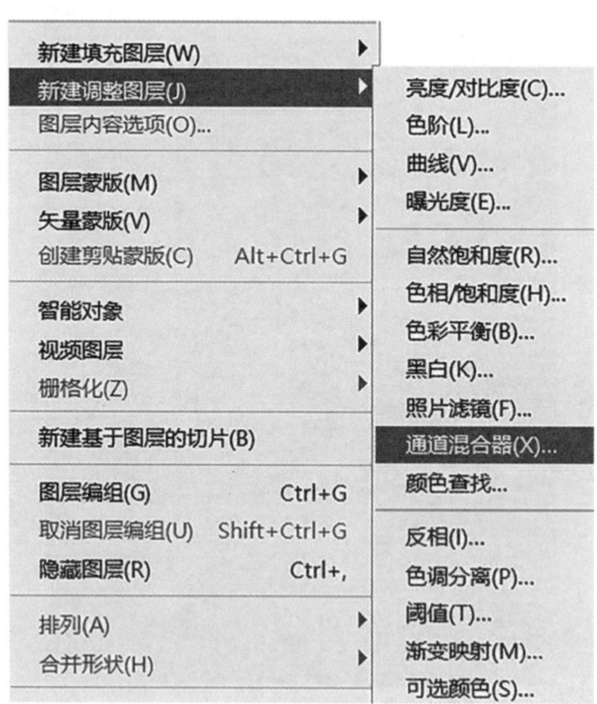

图 14－10　“新建调整图层”对话框

在弹出的“新建图层”对话框中，单击“确定”，完成创建“调整”图层，如图 14－11所示。

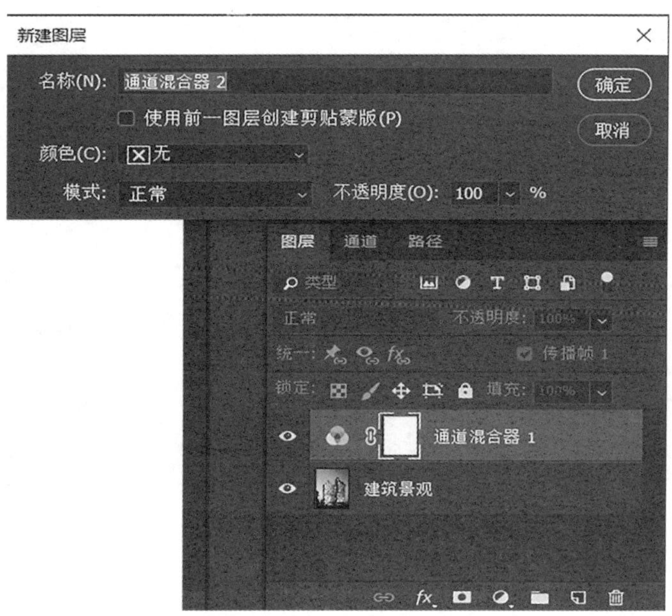

图 14－11　**通道混合器**

在调整面板中，可以设置“通道混合器”中的各项参数，如图 14－12 所示。

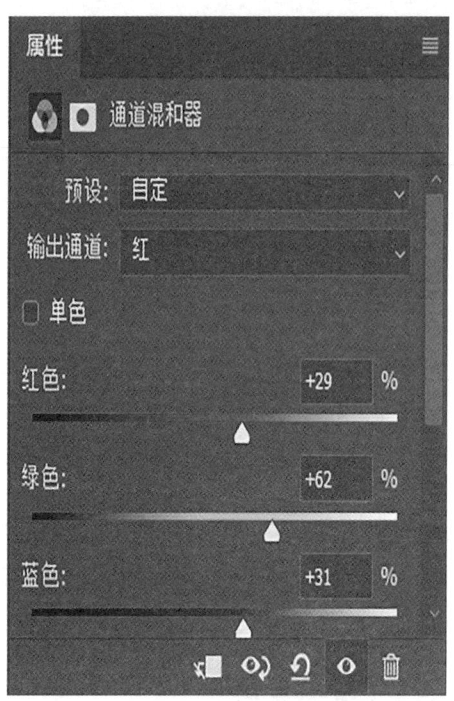

图 14－12　**调整参数**

在“图层”面板中激活该图层的图层蒙版，使用“橡皮擦”工具在需要编辑的图像中进行涂抹，完成如图 14－13 所示效果。

图 14－13　混合前后效果对比

（3）在“图层”面板中创建调整图层

载入“建筑景观”图层图像的选区，在单击面板底部的“创建新的调整图层”，弹出如图 14－14 所示快捷菜单。

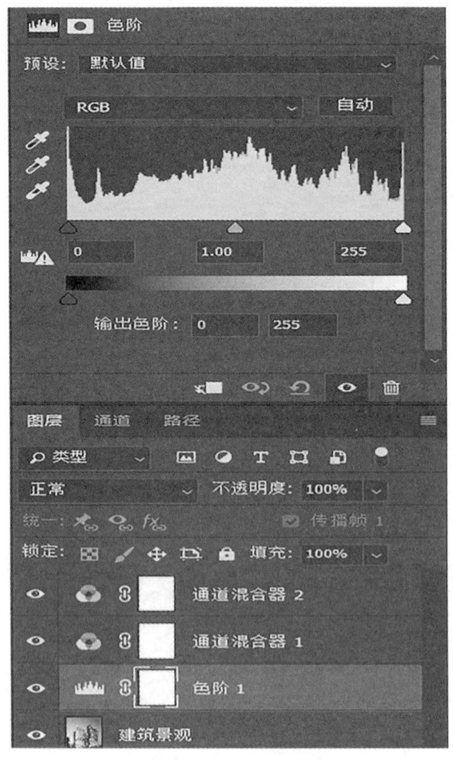

图 14－14　色阶调整

在菜单中选择“色阶”，在“图层”面板中创建“调整”图层，然后设置“色阶”选项中的参数，效果如图 14－15 所示。

图 14－15　色阶调整前后效果

创建新的“可选颜色”调整图层，并在“调整”面板中设置“可选颜色”的参数，最后得到如图 14－16 所示效果。

图 14－16　最后调整效果对比

14.1.4　图层混合模式

Photoshop CC 2018 的图层混合模式还有多种。用户可以用不同的方法将对象颜色与下一层对象的颜色混合。当一种混合模式应用于某一对象时，在此对象的图层可以看到混合模式的效果，使用方法可以通过鼠标单击进行选择、切换或者选中某一模式后滑动鼠标滚轮进行切换。图层混合模式如下。

正常模式：软件系统默认的图层混合状态，不与下方图层发生混合。

溶解模式：透明度越大，溶解效果就越明显。

清除模式：利用清除模式可将图层中的颜色相近的区域清除掉。

正片叠底模式：此模式常用于投影等暗部使用，通过叠加保留黑色区域，隐藏白色区域。

背后模式：只可以在用涂画工具或填充命令在图层内的一个对象之后画上阴影或色彩。

线性光模式：据绘图色增加或降低亮度，加深或减淡颜色。

叠加模式：使用此模式可使底色的图像的饱和度及对比度提高，使图像更加鲜亮。

柔光模式：根据绘图色的明暗程度来决定最终色的亮和暗。

颜色减淡模式：通过降低“对比度”使底色变亮来反映绘图色，和黑色混合无变化。

差值模式：比较底色和绘图色，用较亮的像素点减去较暗像素点的像素值。

排除模式：与差值模式相仿，但比差值模式生成的对比度小，颜色更为柔和。

14.1.5 智能对象的转换与替换

Photoshop CC 2018 的智能对象，可以对图层进行缩放、旋转、斜切、扭曲、透视变换或使图层变形，而不会丢失原始图像数据或降低品质，因为变换不会影响原始数据。具体操作如下。

（1）创建智能对象

新建一个图像文件，单击图层面板右上角按钮，弹出菜单，选择“转换为智能对象”命令，随即，图层面板上的形状转化为智能对象，如图 14－17 所示。双击图层面板智能对象缩略图，弹出如图 14－18 所示的“更改确定”提示框。

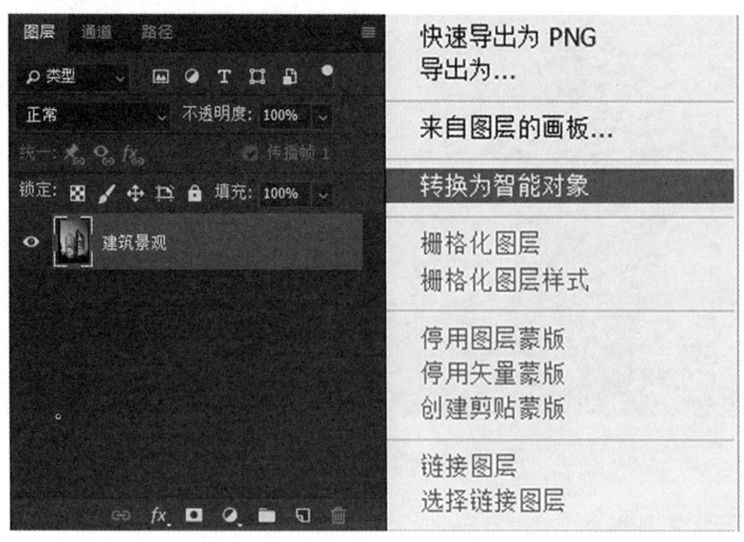

图 14－17 选择“转换为智能对象”

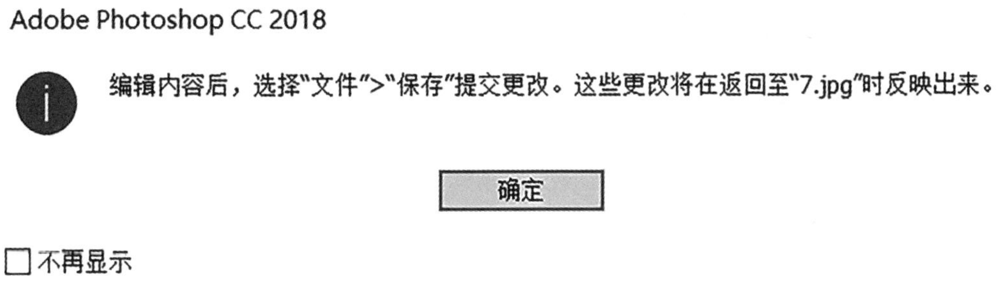

Adobe Photoshop CC 2018

编辑内容后，选择"文件">"保存"提交更改。这些更改将在返回至"7.jpg"时反映出来。

确定

☐不再显示

图 14－18　“更改确定”提示框

单击“确定”后，产生新外部文件，新文件将保留转为智能对象之前的所有原始信息。除上述快捷命令外，还可通过菜单栏的“图层”→“智能对象”→“转换为智能对象”命令，来创建智能对象，如图 14－19 所示。

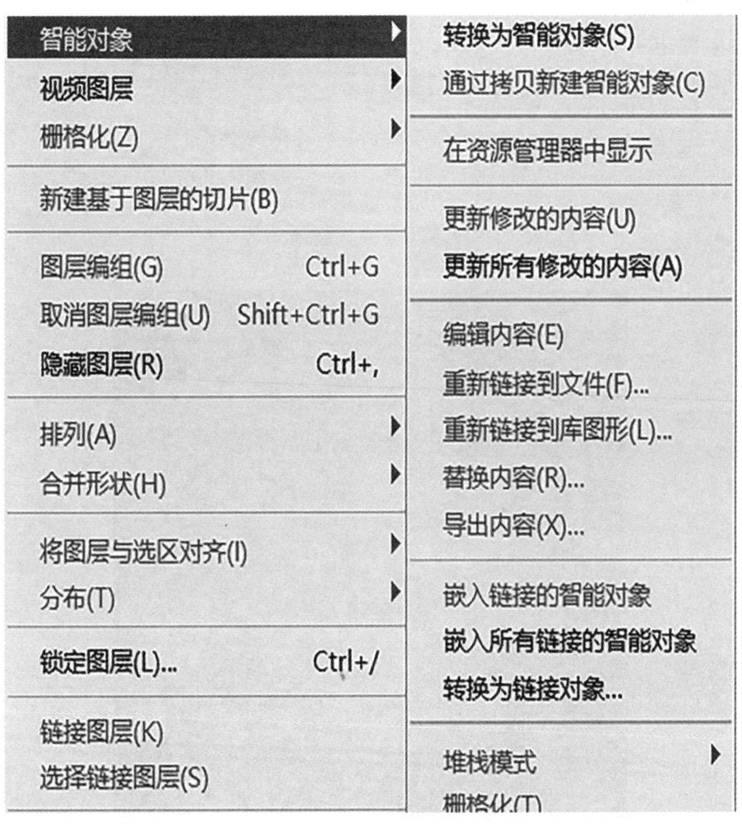

图 14－19　图层智能对象转换

（2）复制智能对象

点击菜单栏中“图层”→“智能对象”→“通过拷贝新建智能对象”命令，或使用快捷键“Ctrl＋J”原位复制图层，如图 14－20 所示，得到“建筑景观拷贝”图层，如图 14－21 所示。

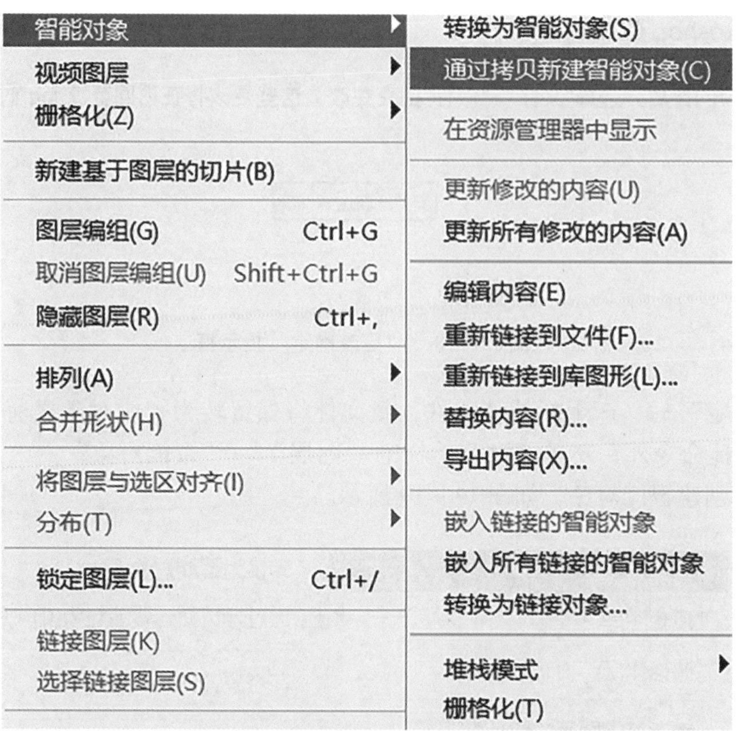

图 14－20　拷贝智能对象

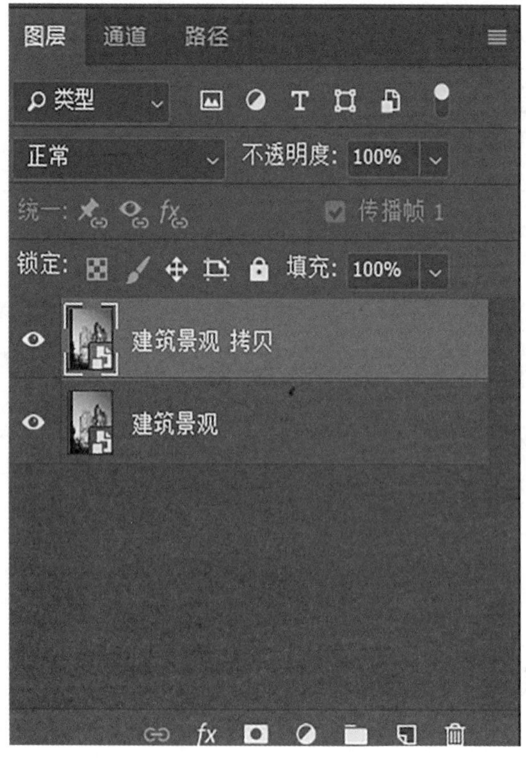

图 14－21　拷贝完成

还可通过在“图层”面板中复制智能对象。拖动“建筑景观”图层到图层面板底部的“创建新图层”按钮上，同样可以复制智能对象，如图 14－22 所示。

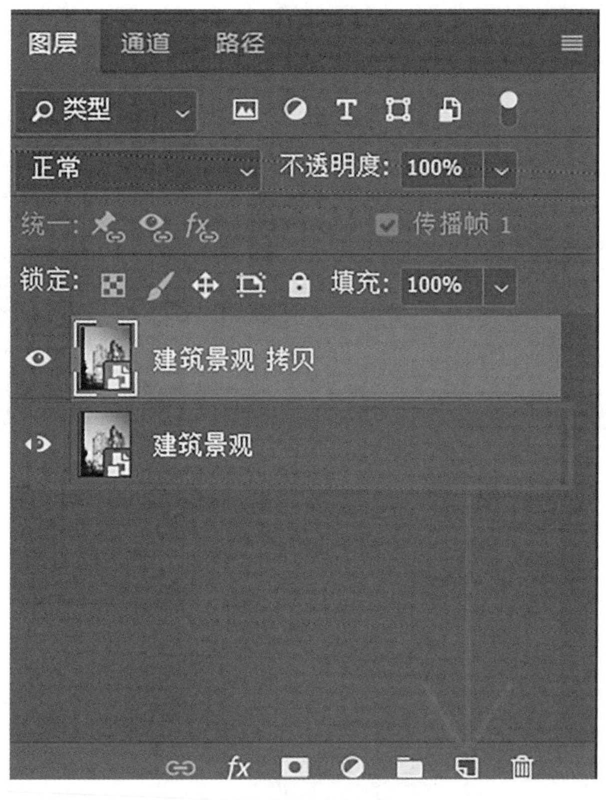

图 14－22　创建新图层

（3）编辑智能对象的内容

智能对象图层在当前图像中不可以直接进入编辑，只有打开智能对象相应的图像，在图像中，才可以对智能对象进行编辑。

在“图层”面板中，选择“景观园林”图层，点击“图层”→“智能对象”→“编辑内容”命令，打开“更改确定”对话框，如图 14－18 所示。双击智能对象的图层缩览图，打开智能对象文件。

单击“确定”，打开素材“建筑景观”文件。执行“图像”→“调整”→“色相/饱和度”命令，打开色相/饱和度对话框，设置好各项参数后，单击“确定”，得到如图 14－23所示效果。

图 14－23　调整前后效果对比

另外，在 PhotoShop CC 2018 中不需要打开智能对象相应的文件，就可以直接为智能对象添加滤镜效果。回到“园林景观”图层，点击“滤镜”→“素描”→“水彩画纸”命令，设置好各项参数后，得到如图 14－24 所示效果。

图 14－24　应用前后效果对比

（4）替换智能对象

如果置入的图像不是画面所需要的，可以执行“替换内容”命令，像当前的智能对象，图层内容更换。点击“图层”→“智能对象”→“替换内容”命令，打开“替换文件”对话框，如图 14－25 所示。

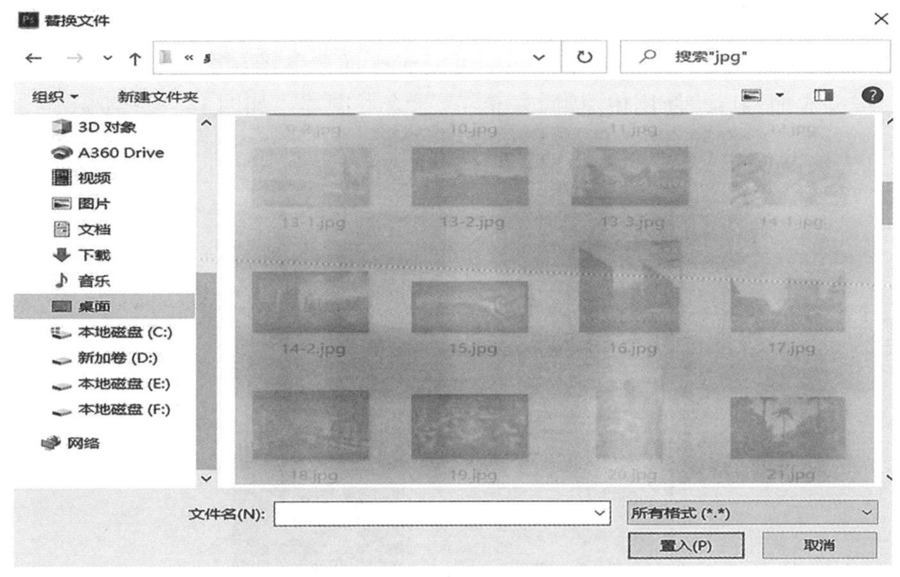

图 14－25　“替换文件”对话框

选中“建筑俯瞰”文件，单击“置入”，即可将所选内容替换为原来的智能对象，效果如图 14－26 所示。

图 14－26　完成替换后的效果

14. 1. 6　图层合并

在 Photoshop CC 2018 中操作中，复杂而且凌乱的图层会降低工作效率，为了使图层层次分明并且提高运行速度，通常需要对同类图层进行合并，例如对园林平面图中的同种乔木进行合并后统一编辑。图层合并后不能再分，因此进行图层合并时需要分层编辑，避免出现错误。下面介绍几种常用图层合并操作。

（1）合并图层

选中需要合并的图层，按住“Ctrl”即可完成“加选”图层命令，右击鼠标，显示下拉菜单，或完成加选后，使用快捷键“Ctrl + E”合并图层，如图 14 – 27 所示。

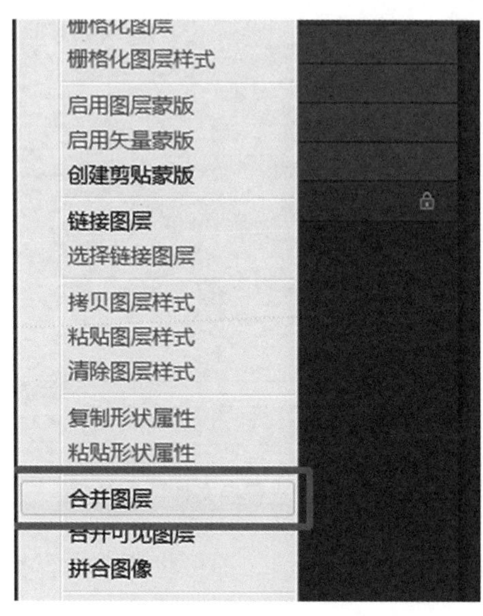

图 14 – 27　合并图层

（2）合并可见图层

单击“图层”菜单，选择“合并可见图层”，或使用组合快捷键“Ctrl + Shift + E”也可完成合并，该项命令在园林表现中常用于方案表现结束后进行最终合并。

向下合并图层：单击“图层”菜单，选择“向下合并”，可将选中图层与相邻下一图层进行合并，或使用组合快捷键“Ctrl + E”。

14.1.7　图层顺序调整

图层的顺序与图层的显示有直接关系，一般来说是上层图层覆盖下层图层 图层被遮盖不可见。如果编辑中需要下层图层显示，调整图层顺序即可。选中需要调整的图层，按住鼠标左键上下拖动，即可完成图层的顺序调整。也可使用图层顺序调整快捷键：“Ctrl + [”下移图层，“Ctrl +]”上移图层，“Ctrl + Shift + [”将选中图层置底，“Ctrl + Shift +]”将选中图层置顶。

14.1.8　图层样式

图层样式主要是图像效果制作的集成，操作方法如下。

选中图层，单击“图层”菜单，选择“图层样式”对话框，包含“投影”“内阴影”“外发光”“内发光”“斜面和浮雕”“光泽”“图案叠加”“渐变叠加”“图案叠加”“描边”工具，如图 14 – 28 所示。

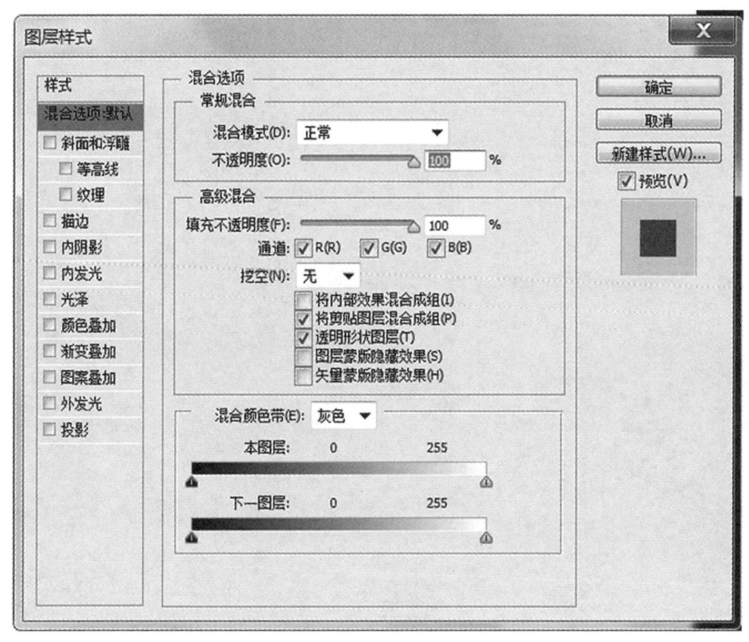

图 14－28　“图层样式”对话框

14.1.9　删除图层

在图层面板上，选中需要删除的图层，移动鼠标拖至“删除图层”按钮处，图层删除完成；或选中图层，单击“Delete”键也可以完成删除命令；或选中图层，右击鼠标，选择“删除图层”。以上三种方法均可完成删除图层命令。

14.2　通道与蒙版

14.2.1　通　道

通俗地讲，通道的功能近似于选区。通道的种类包含颜色通道、Alpha 通道、专色通道、复合通道。用户可以使用绘图工具在通道上进行选区选择，可以对颜色通道内不同的颜色进行亮度、对比度等的调整，还可以对不同的通道进行滤镜命令的执行，除此之外，通道和选区之间相互转换后可以制作出不同的特殊效果。

举例说明通道的使用方法：当从图像中勾画出了一些不规则的选择区域并保存后，这些选择即将消失。此时就可以利用通道，将选择储存为一个独立的通道层，在需要时就可调入，如图 14－29 所示。

图 14 – 29　**提出选区**

（1）“通道”面板

“通道”面板是用来创建和管理通道的平台，并对编辑效果进行监视的窗口，如图 14 – 30 所示。调取方法为，选择“窗口”→“通道”，即可打开该面板，或者就在右下方的编辑栏直接调出。

图 14 – 30　**“通道”面板**

（2）新建通道

点击通道面板底部的“创建新通道”按钮，可以快速创建 Alpha 通道。或单击

“通道”面板右上角的选项按钮，在下拉选项中选择“新通道”，对弹出的对话框进行命名编辑，单击“确定”亦可完成新建通道。

（3）复制通道

复制通道一般应用于对通道的编辑，为了避免原通道被编辑后无法还原，因此需要复制通道后对复制通道进行编辑，原通道被保留。选择需要复制的通道，从“通道”调板菜单中选取“复制通道”，键入复制的通道名称。

（4）删除通道

通道图像会占用较多磁盘空间，所以编辑完成后应对不需要的通道图层进行删除，优化运行空间。删除方法为选择需要删除的通道，从“通道”面板中右击鼠标，在弹出菜单中选取“删除通道”，或可选中需删除的通道图层，拖拽图层至“图层”面板底部的“删除”按钮上的，松开鼠标后可完成删除命令。

（5）合并通道

用左键单击右上角出现的合并通道，选择“RGB 通道”，确认即可。

（6）分离通道

点击通道面板，左击右上角，出现分离通道，然后选择“窗口”→“排列”→“平铺”，方便查看。

（7）通道抠图的操作方法

通道抠图，在每一个通道中对应的颜色比例都是黑白灰进行显示的。当通道图像显示为黑色时，这个通道颜色比例为 0；当通道图像显示为白色时，这个通道对应的颜色比例为 100%。

使用通道选择选区示范：打开素材图片。先复制出“图层 0 拷贝”图层，如图 14－31 所示。

图 14－31　复制背景图层

点击“通道”，进入通道模式，选择蓝色通道，按住“Ctrl”键单击蓝色通道，得到副本图层，如图 14 – 32 所示。

图 14 – 32　得到蓝副本

再调出“蓝拷贝”图层的色阶，增加亮部的亮度，降低暗部的亮度如图 14 – 33 所示，调后效果如图 14 – 34 所示。

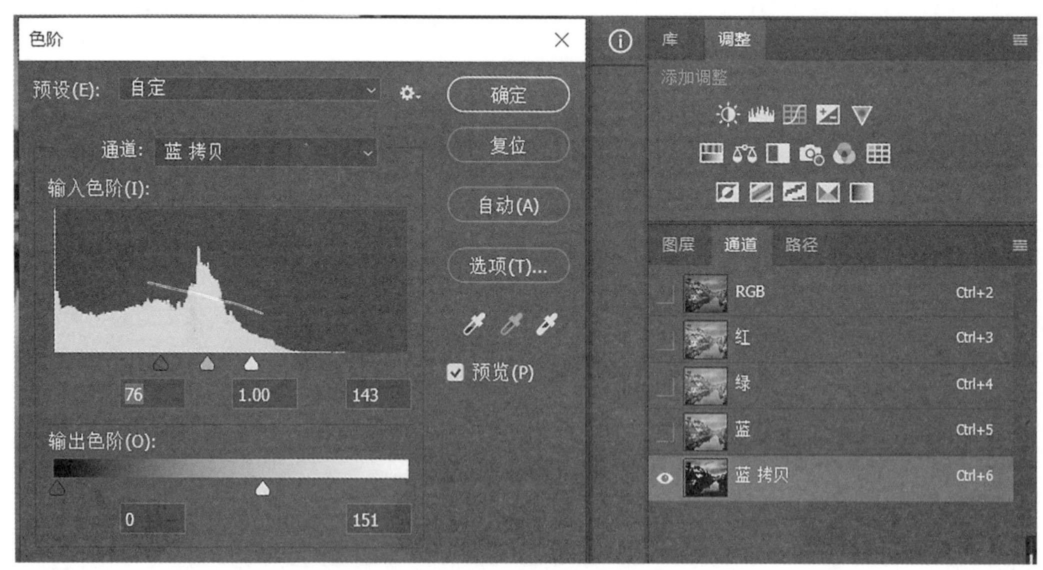

图 14 – 33　调节对比度

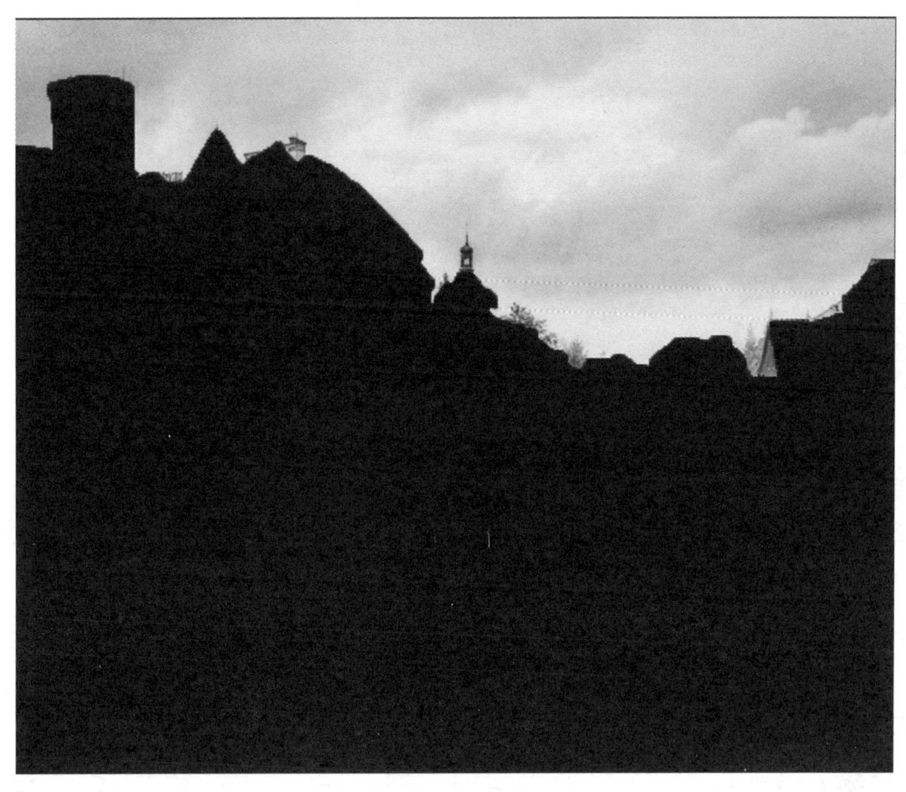

图 14－34　调后效果

用黑色画笔画面中不需要的高光部分进行喷涂，保留需要的区域，后按住“Ctrl”键单击“蓝副本”图层，获得如图 14－35 所示选区。

图 14－35　获得选区

返回图层模式，点击“图层 0 拷贝”图层，显示天空部分的选区，如图 14－36 所示。

图 14－36　获得天空选区

14.2.2　蒙　版

(1) 蒙版的基本概念

蒙版一词来自生活应用，也就是“蒙在上面的板子”。例如喷漆，要把某一图案喷到某物体上。这时我们就可以用一块板子盖在上面，先在板子上抠出需要的图案，这时再喷漆就不会影响其他地方，又能得到想要的图案。蒙版在 Photoshop CC 2018 中就是蒙在图像上层用以遮盖某些区域的工具。

蒙版储存在 Alpha 通道中。蒙版和通道是灰度图像，可以使用所有的绘画和编辑工具对蒙版进行调整和修饰。对于蒙版和通道来说，白色绘制相当于擦除蒙版，选区增加；用黑色绘制相当于增加蒙版，图像中红色蒙版区增加，选区减少。如图 14－37 所示。

图 14－37　通道和蒙版

（2）图层蒙版

图层蒙版可以理解为在当前图层上覆盖一层玻璃片，这种玻璃片透明程度不同。可以用各种绘图工具在蒙版涂色（只能涂黑、白、灰），涂黑色地方蒙版变为不透明，看不见当前图层，涂白色则为透明，可看到当前图层的图像。涂灰色则使蒙版变为半透明，由灰度决定透明度。使用图层蒙版进行编辑的优点在于不破坏原始图像，可以对图像进行反复的修改和调整。图层蒙版在园林景观设计中的使用方法如下。

在 Photoshop CC 2018 中打开一张“风景”的图片素材，并复制一个“背景图层”。然后打开提前准备的另一个素材“天空”，再把天空图片导入工作界面，作为“天空”图层。将素材图片调整如图 14－38 所示。

图 14－38　打开素材图片“背景”和“天空”

选中“风景”图层，点击图层面板底部的“添加图层蒙版”按钮，给这个图层链接上一个完全显示图层蒙版。用渐变结合画笔工具，在蒙版上用黑色涂抹，可以让“背景副本”图层和“天空”图层很好地融合起来，如图 14－39 所示。

图 14－39　添加蒙版后融合效果

最后把“风景”图层的混合模式设为“变亮”，使天空效果完全融入背景图层，如图 14－40 所示。

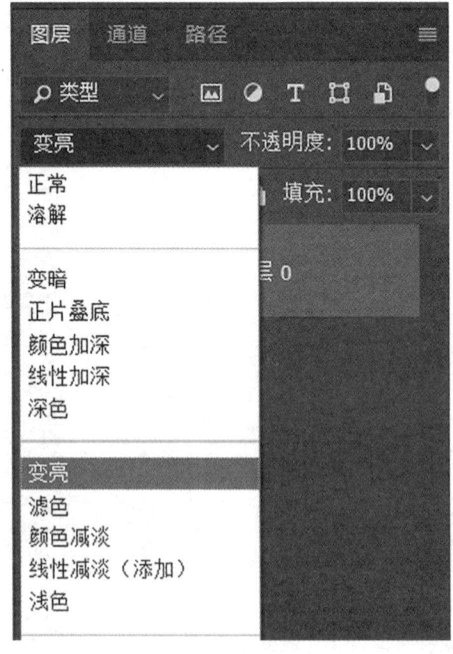

图 14－40　图层混合模式

（3）快速蒙版

使用快速蒙版模式时无须使用“通道”调板，便可使用选区作为蒙版进行编辑，在查看图像时也可如此。将选区作为蒙版来编辑的优势是可以使用任何 Photoshop CC 2018 工具或滤镜修改蒙版。

在 Photoshop CC 2018 中打开事先准备好的素材文件“树林”“湖水”，将素材文件“湖水”复制出“背景副本”图层，使用 Photoshop CC 2018 的拼合图像将这两个图像结合起来，如图 14－41 所示。

图 14－41　调整树林效果

调整图像位置及色调：将湖面边缘被树林覆盖，图像位置摆放合理，完成树林拼合步骤。再将树林合并为一个图层（“Ctrl＋E”合并图层），选择菜单栏中“色相/饱和度”或用快捷键“Ctrl＋U”，调整图层色调，使其与“背景副本”色调协调自然，如图 14－42 所示。

图 14－42　调整后的效果

处理湖面的效果：选择“背景副本”图层，单击工具栏中“快速蒙版模式编辑”或按“Q”键，进入快速蒙版模式。用渐变工具和画笔工具在“背景副本”图层上涂抹出非选区，如图 14－43 所示。

图 14－43　把非选区涂出

单击“快速蒙版模式编辑”，退出快速蒙版模式，获得湖面选区。在选区上添加一个亮度的调整图层，效果如图 14－44 所示，最终完成制作效果如图 14－45 所示。

图 14－44　亮度调整

图 14－45　最终效果

（4）剪贴蒙版

剪贴蒙版，也称剪贴组，该命令是通过使用处于下方图层的形状来限制上方图形的显示状态，达到一种剪贴画的效果。剪贴蒙版是 Photoshop CC 2018 中非常有趣的蒙版，针对特殊效果常用此工具。例如，Photoshop CC 2018 剪贴蒙版可以用于抠图，制作特殊效果，选择一个形状，在上面插入一张图片，创建剪贴蒙版后可以直接在图片上附加一个图层蒙版，进行自由绘制。

（5）路径蒙版

路径蒙版是不因选区的放大或缩小操作而影响清晰度的蒙版。路径蒙版可以对图像实现部分遮罩，效果可以通过具体软件而定，相当于用一张既定空出形状的图板蒙在被遮罩的图片上面。矢量蒙版不仅可以保证原图不受损，并且随时可以用钢笔工具修改形状，且不会失真。

创建矢量蒙版图层：使用 Photoshop CC 2018 中快捷键“Alt + L + V”创建或依次从“图层”→“矢量蒙版”→“显示全部”，创建矢量蒙版。

第15章 滤 镜

15.1 滤镜概述

滤镜工具是 Photoshop CC 2018 应用中制作各种特殊效果的一个重要方法，在进行图像效果处理时，滤镜可以起到模糊、锐化、亮度处理等作用，同时使图像呈现出各式艺术效果。在进行园林景观设计时，常用到模糊、水彩画、波浪、浮雕效果、渲染等滤镜。Photoshop CC 2018 中的滤镜可以分为内置滤镜、特殊滤镜和外挂滤镜三种。

15.1.1 使用范围及注意事项

①文本图层在使用滤镜时应先进行“栅格化”图层。

②滤镜的处理是以像素为单位的，因此滤镜的处理与分辨率有关，分辨率不同，应用滤镜时产生的艺术效果也不同。

③在使用滤镜效果时，若图像处于索引图、位图、16 位灰度图等模式，将不允许使用滤镜，因此部分滤镜只对 RGB 图像产生效果。

④当图像处于 CMYK、Lab 色彩模式下时，艺术效果、素描、画笔描边、纹理等滤镜效果将不允许使用。

⑤处理高分辨率的大图片时，应先在局部添加艺术效果。

⑥若在图像处理过程中出现内存不足的情况，可通过将滤镜效果应用于图像的单个通道来解决。

⑦可通过关闭其他程序为 Photoshop CC 2018 提供更多内存。

⑧若要打印黑白图像，应在应用滤镜前将图像的一个副本转为灰度图像。

15.1.2 常用滤镜快捷键使用

①系统默认存储上一次滤镜操作，位置位于滤镜菜单顶部，快捷键为“Ctrl + F”键。

②显示最近应用的滤镜对话框，快捷键为“Ctrl + Alt + F”键。

③取消当前应用的滤镜，快捷键为“Esc”键。

④还原滤镜操作，快捷键为“Ctrl + Z”键。

15.1.3 滤镜菜单

在 Photoshop CC 2018 中，“智能”滤镜在菜单栏的第二栏，“滤镜库”“镜头矫正”“油画”“液化”“消失点”等放在菜单栏的第三栏，如图 15 – 1 所示。Photoshop CC 2018 在滤镜菜单下方提供了 13 组滤镜样式，每组滤镜中又包含了几种不同的滤镜效果。

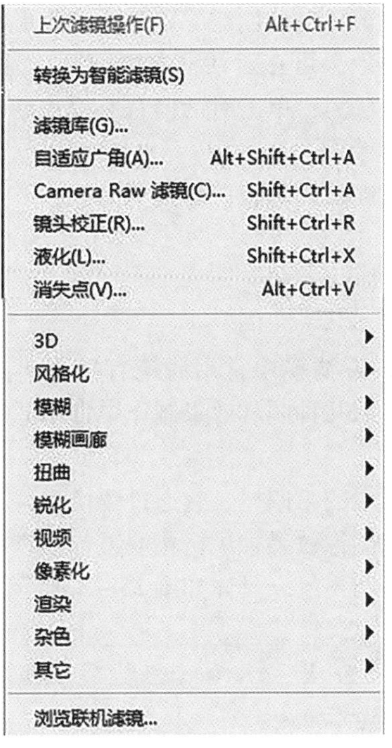

图 15－1 滤镜菜单

15.1.4 滤镜库

滤镜菜单中自带滤镜库，可以方便地针对当前图层进行多种滤镜效果的叠加，操作方法与图层操作相仿。打开滤镜菜单，在下拉选项中选择“滤镜”→“滤镜库”，弹出如图15－2所示对话框。

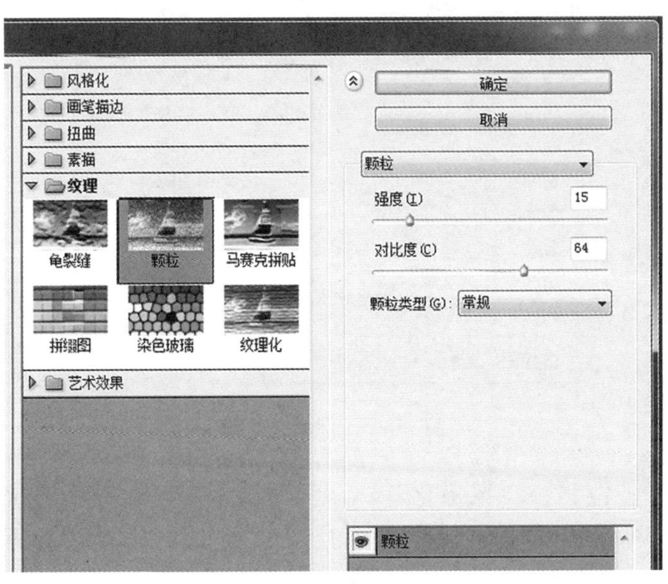

图 15－2 “滤镜库”对话框

选择使用滤镜，滤镜工作窗口自动创建滤镜效果，效果层显示设置参数，不同参数应用则滤镜效果各不相同，滤镜效果可在对话框左侧预览。另外，滤镜效果可以多次叠加，如果需叠加滤镜效果，操作方法为：单击对话框右下角“新建效果层”按钮，在新建效果层上重复滤镜库操作即可叠加效果。

删除滤镜效果：选中需要删除的滤镜，单击对话框右下角“删除效果层”按钮，点击“确定”即可删除滤镜效果。

15.2 部分内置滤镜的应用

在 Photoshop CC 2018 的内置滤镜中常用滤镜有扭曲、像素化、杂点、模糊效果、纹理、渲染等内置滤镜，本节介绍几种园林效果制作中常用滤镜的功能及使用方法。

15.2.1 风格化滤镜

风格化滤镜位于滤镜菜单栏的第四栏，它通过置换和移动图像的像素结合图像对比度的增加来生成绘画或印象派的图像效果；风格化滤镜包括查找边缘、等高线、风、浮雕效果、扩散、拼贴、曝光过度、凸出等，具体如图 15－3 所示。

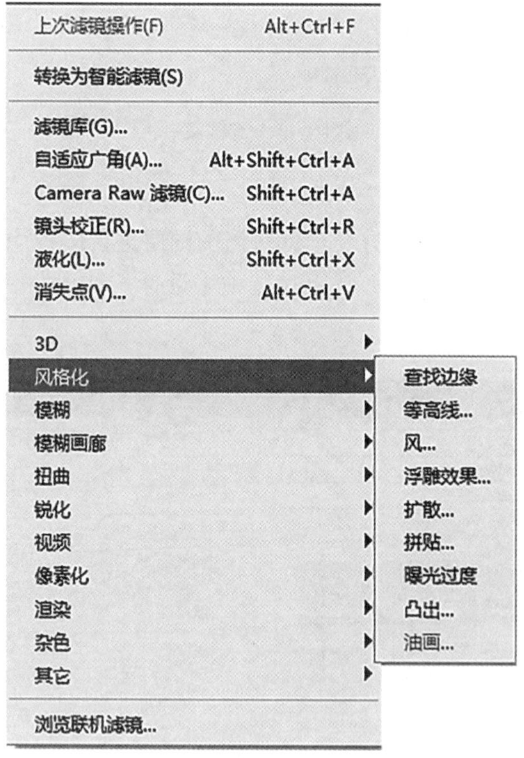

图 15－3 风格化滤镜

“风”：执行“滤镜”→“风格化”→“风”命令，可在弹出的对话框中通过选择“方法”（风、大风、飓风）和“方向”来控制风力大小和风向，设置好参数后，点击“确定”按钮，产生的风滤镜效果如图 15－4 所示。

图15－4 风滤镜效果前后对比

“浮雕效果”：执行“滤镜”→“风格化”→“浮雕效果”命令，可通过设置弹出的对话框中的“角度（A）”“高度（H）”“数量（M）”等的参数来控制浮雕效果。其中，“角度（A）”可以调节光线照射的方向；“高度（H）”可以控制浮雕凸起的程度；“数量（M）”可以设置浮雕凸起的细节程度，设置好参数后，单击“确定”，产生如图15－5所示的浮雕滤镜效果。

图15－5 浮雕滤镜效果前后对比

“扩散”：执行“滤镜”→“风格化”→“扩散”命令，在弹出的对话框中选择所需的模式，包括“正常（N）”“变暗优先（D）”“变亮优先（L）”“各向异性（A）”，选择后单击“确定”，产生如图15－6所示扩散滤镜效果。

图15－6 扩散滤镜效果前后对比

“拼贴”：执行“滤镜”→“风格化”→“拼贴”命令，可以在“拼贴数”中设置每行每列所要显示的最小拼贴块数；在“最大位移”中可以设置允许贴块偏移的最大距离；在“填充空白区域用”可以设置各个贴块空白区域之间的填充方式，设置完成后，点击“确定”按钮，产生的拼贴效果如图 15－7 所示。

图 15－7　拼贴滤镜效果前后对比

15.2.2　模糊滤镜

模糊滤镜可以柔化图像边缘、遮蔽清晰的边缘像素，从而产生模糊图像的效果。模糊滤镜包括：表面模糊、动感模糊、方框模糊、高斯模糊、进一步模糊、径向模糊、镜头模糊、模糊、平均、特殊模糊和形状模糊，如图 15－8 所示。

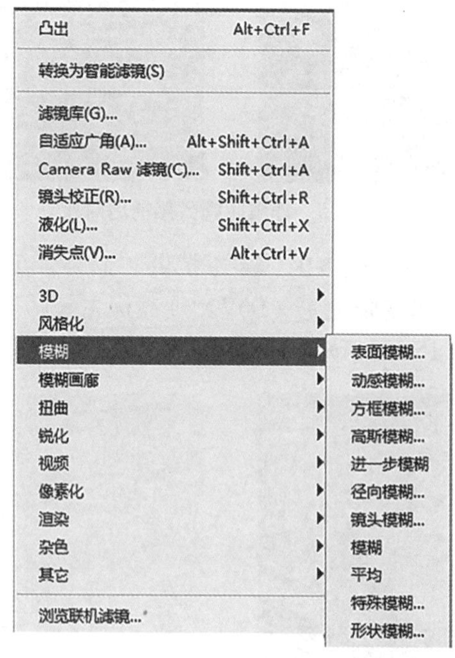

图 15－8　模糊滤镜

（1）动感模糊

执行“滤镜”→“模糊”→“动感模糊”命令，在对话框中设置“角度（A）”和“距离（D）”的参数，角度控制图像模糊的方向；距离即图像中像素的移动距离，距离参数越大图像越模糊；设置好参数后，点击“确定”按钮，产生的动态模糊效果如图15－9所示。

图15－9 动态模糊滤镜效果前后对比

（2）高斯模糊

执行“滤镜”→“模糊”→“高斯模糊”命令，在对话框中设置“半径（R）”的参数，半径越大图像越模糊，设置好参数后点击“确定”按钮，产生效果如图15－10所示。

图15－10 高斯模糊滤镜效果前后对比

（3）形状模糊

执行“滤镜”→“模糊”→“形状模糊”命令，在对话框中设置半径参数，选择模糊所需形状，点击“确定”按钮，产生形状模糊效果如图15－11所示。

图 15－11　形状模糊滤镜效果前后对比

15.2.3　杂色滤镜

杂色滤镜可以用于向图像中添加污点或去除图片中的污点。该组滤镜包括减少杂色、蒙尘与划痕、去斑、添加杂色、中间值，如图 15－12 所示。

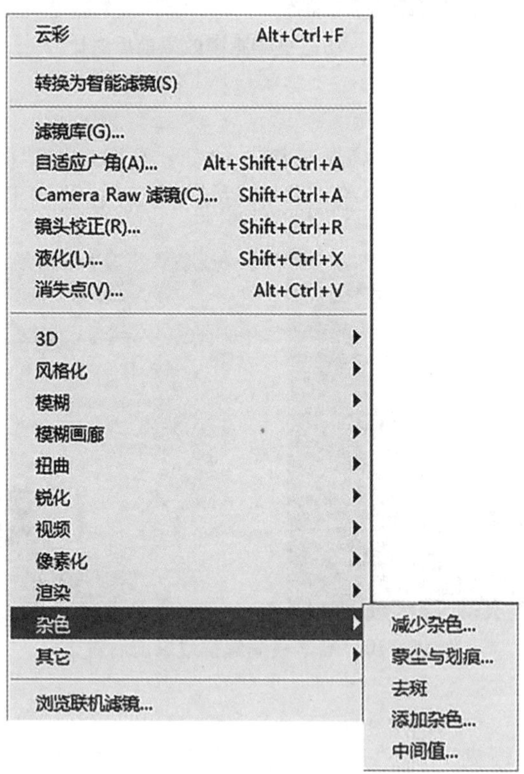

图 15－12　杂色滤镜

(1) 减少杂色

执行“滤镜”→“杂色”→“减少杂色”命令，在弹出度对话框中设置添加杂色的数量和选择杂色分布的方式，设置好参数后，点击“确定”按钮，产生减少杂色滤镜效果，如图 15－13 所示。

图 15－13 减少杂色滤镜效果前后对比

（2）蒙尘与划痕

执行“滤镜”→“杂色”→“ 蒙尘与划痕” 命令，在弹出度对话框中设置“半径（R）”和“阈值（T）”，设置好参数后，点击“确定”按钮，产生蒙尘与划痕滤镜效果，如图 15－14 所示。

图 15－14 蒙尘与划痕滤镜效果前后对比

（3）祛 斑

执行“滤镜”→“杂色”→“去斑”命令，产生祛斑效果。

（4）添加杂色

执行“滤镜”→“杂色”→“添加杂色”命令，在对话框中设置添加杂色的数量和选择杂色分布的方式，设置好参数后，点击“确定”按钮，产生添加杂色效果，如图 15－15 所示。

图 15－15 添加杂色滤镜效果前后对比

（5）中间值

执行“滤镜”→“杂色”→“中间值”命令，产生中间值效果。

15.2.4 像素化

像素化滤镜通过将图像中具有相似颜色值的像素转换成单元格从而使图像出现分块或平面化的效果。该组滤镜包括彩块化、彩色半调、点状化、晶格化、马赛克、碎片、铜板雕刻等，如图 15－16 所示。

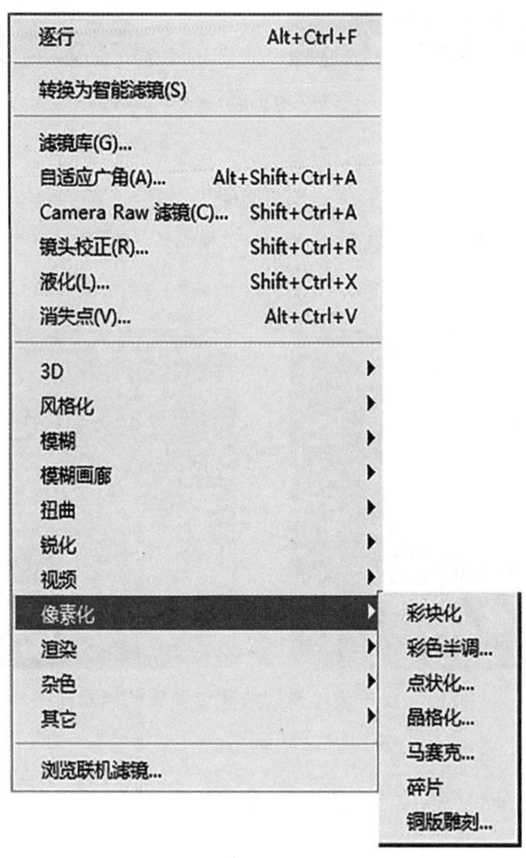

图 15－16 像素化滤镜

（1）彩色半调

执行“滤镜”→“像素化”→“彩色半调”命令，在弹出的对话框中设置最大半径（R）；在“网度（度）”中设置屏蔽的度数，它包含的四个通道分别代表填入的各种颜色之间的角度，通道的取值范围均为－360～360，设置好参数后，点击“确定”按钮，产生彩色半调滤镜效果，如图 15－17 所示。

图15－17 彩色半调滤镜效果前后对比

(2) 点状化

执行"滤镜"→"像素化"→"点状化"命令，可在弹出的对话框中通过设置单元格大小来控制点状像素的大小，设置完成后点击"确定"按钮，产生效果，如图15－18所示。

图15－18 点状化滤镜效果前后对比

(3) 晶格化

执行"滤镜"→"像素化"→"晶格化"命令，可在弹出的对话框中通过设置单元格大小来控制晶格化像素的大小，设置完成后点击"确定"按钮，产生效果，如图15－19所示。

图15－19 晶格化滤镜效果前后对比

(4) 马赛克

执行“滤镜”→“像素化”→“马赛克”命令，可在弹出的对话框中通过设置单元格大小来控制马赛克像素的大小，设置完成后点击“确定”按钮，产生马赛克滤镜效果，如图 15－20 所示。

图 15－20 马赛克滤镜效果前后对比

(5) 铜板雕刻

执行“滤镜”→“像素化”→“铜板雕刻”命令，可在弹出的对话框中选择“雕刻类型”，设置完成后点击“确定”按钮，产生铜板雕刻滤镜效果，如图 15－21 所示。

图 15－21 铜板雕刻滤镜效果前后对比

15.2.5 渲 染

渲染滤镜是一种可以创建 3D 形状、云彩图案和不同光源效果的滤镜，在 Photoshop CC 2018 中，该组滤镜包括分层云彩、镜头光晕、纤维、云彩，如图 15－22 所示。

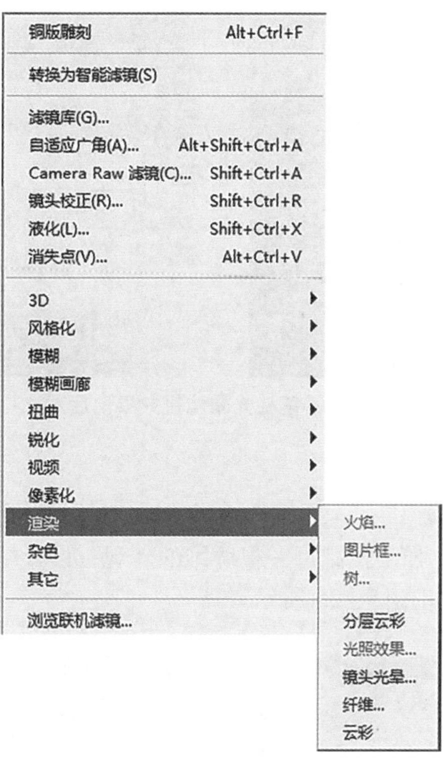

图 15 – 22　**渲染滤镜组**

（1）分层云彩

执行“滤镜”→“渲染”→“分层云彩”命令，产生分层云彩滤镜效果，如图 15 – 23 所示。

图 15 – 23　**分层云彩滤镜效果前后对比**

（2）镜头光晕

执行“滤镜”→“渲染”→“镜头光晕”命令，在对话框中调节“光晕亮度”；选择“镜头类型”（50 ~ 300 毫米变焦、35 毫米聚焦、105 毫米聚焦、电影镜头），设置好参数后，点击“确定”按钮，产生镜头光晕滤镜，如图 15 – 24 所示。

图 15－24　镜头光晕滤镜效果前后对比

(3) 纤　维

执行“滤镜”→“渲染”→“纤维”命令，在对话框中设置“差异”和“强度”，差异控制颜色的变化方式；强度控制每一根纤维的外观，设置好参数后，点击“确定”按钮，产生镜头光晕滤镜，如图 15－25 所示。

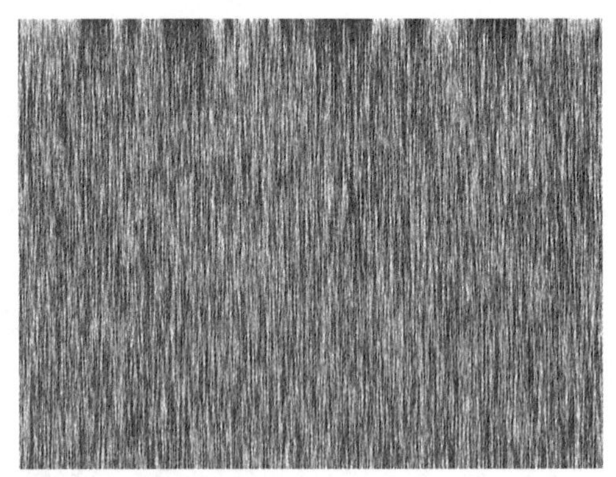

图 15－25　纤维滤镜效果前后对比

(4) 云　彩

执行“滤镜”→“渲染”→“云彩”命令，产生云彩滤镜效果，如图 15－26 所示。

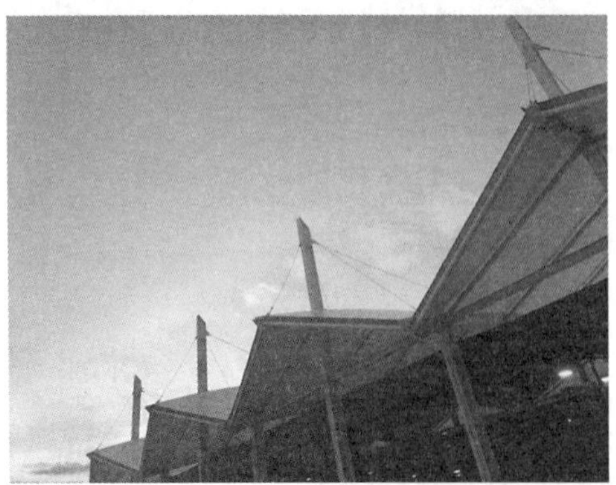
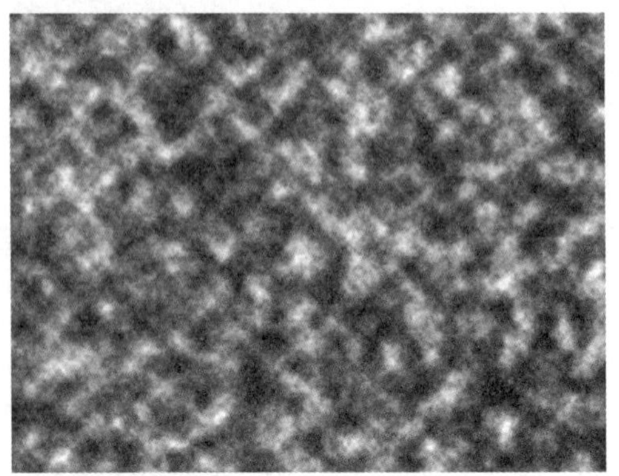

图 15－26　云彩滤镜效果前后对比

第 16 章　综合实践

本章综合运用 Photoshop 软件完成园林景观设计中常见图纸的绘制，通过综合运用专业知识完成小型案例的图纸后期效果制作，掌握彩色平面图、透视图及分析图的制图流程和主要内容。

16.1　案例 1：园林小庭院彩色平面图制作

16.1.1　任务书要求

①独立完成“小庭院彩色平面图”，请对 CAD 软件中的“小庭院平面图 . dwg”图纸文件进行整理，导入 PS 软件中，运用 PS 软件所学内容对“小庭院平面图 . dwg”进行彩色平面处理。

②注意结合专业艺术素养、专业认知完成“小庭院平面图 . psd”　“小庭院平面图 . jpg”等图纸。

③要求图纸美观，色彩表达协调，表现内容清晰，图例表现清晰、简洁，. psd 文件图层内容明确。

16.1.2　操作程序

CAD 图纸整理→分层导出 CAD 图纸→分文件导入 PS 软件中→PS 中图层整理→PS 绘图工具完成图纸→PS 修饰工具完善图纸。

16.1.3　主要内容

（1）在 CAD 中打开“小庭院 . dwg”文件，对文件进行整理

①检查图层，图层内容根据各要素内容分类并在相应图层中如植物要素归并为“植物图层”，不要出现图层各要素混乱、图层混乱等问题。

②检查 CAD 中各要素闭合线段是否闭合、是否出现断线或是图层混淆等问题，以免后期填充色彩填不上等问题。

（2）分层导出 CAD 图纸

①整理图层完毕，在 CAD 中运用文件→打印→选择打印（EPS 或 PNG）等格式分别对各图层分别打印，打印中以各要素分别命名导出图纸名称。（注意：在打印之前可设置图框图层，分层打印时以图框图层作为窗口参照，分类针对各要素重复打印，导出各类型图层）

②将打印出的各图层分别导入 PS 中。（注意：导入时，不需要更改数据）

（3）在 PS 中建背景图层，调整图层

①在 PS 中新建图层 A3（297mm × 270mm）尺寸，命名为“小庭院效果平面图”。

②对导入到 PS 中的各要素图层分别在图层面板中单击右键选择复制命令，复制到“小庭院效果平面图”文件中，关闭已复制文件。

③点击“小庭院效果平面图”文件，对已复制的各元素图层分别命名，以元素命名，方便查找。

④调整图层顺序，按照实际场景中立体空间情况从上往下梳理，如最上面是植物图层，建筑图层。

（4）编辑图层各要素内容

在编辑图层中各要素内容时，可从色彩填充、草地、铺装等要素进行填充，但需要注意编辑图层内容需要新建图层，在新建图层中完成相关要素的编辑，以便于后期各要素内容的修饰及后期效果的提升。

①草地填充：草地填充可以选择实际场景中草地效果图案填充，也可以选择草地绿色填充，再通过后期效果模糊等方式进行处理。

1）草地效果填充：在PS中文件打开“草地.jpg”图片，复制图层到“小庭院效果平面图”文件中，命名为“效果草地”图层，并关闭该图层；查找草地图层，观察草地图层要填充内容大小；打开“效果草地”图层，“Ctrl+T”调整该图层大小，让其草地比例与草地图层比例大小适宜，并放置在需要填充草地的位置，关闭该图层。运用魔棒工具选择草地图层中需要填充的区域，打开“效果草地”图层，在命令栏中选择“反选”命令，再点击删除命令，草地区域填充完成。

2）草地效果处理：草地效果处理可选用加深、减淡工具对草地边缘或有植被遮挡区域进行加深或减淡；也可通过色彩平衡、亮度、对比度等进行调节；还可通过“效果草地”图层中混合选项对阴影处理。

②建筑填充，选择建筑要素图层，运用魔棒工具对建筑填充区域选择相关色彩进行填充，注意色彩的选择可以参照实际场景中各建筑色彩进行填充。填充完毕，对建筑图层效果进行整理，可通过图层属性中混合选项对建筑阴影、浮雕及明暗程度进行修饰。

③铺装填充。

1）铺装效果填充：在PS中文件打开“铺装.jpg”图片，在命令栏中选择“编辑”→“定义图案”，对该图片进行定义。打开“小庭院效果平面图”文件中，“铺装”图层，运用魔棒工具选择要填充的区域，在图层面板中新建图层，命名为“铺装填充”并选择该图层，在命令面板中点击“编辑”→“填充”命令，找点已定义的铺装图片进行填充，填充结束。

2）铺装效果处理：铺装效果处理可选用加深、减淡工具对边缘或有植被遮挡区域进行加深或减淡；也可通过色彩平衡、亮度、对比度等进行调节；还可通过图层中混合选项对阴影对面层浮雕处理。

④水域填充：水域填充可以选择运用色彩填充也可运用实际场景中水景的填充，填充方法选择草地填充。

⑤植物种植：植物种植应用素材库中已有树木，进行剪切移到或复制到“小庭院效果平面图”中，对树木进行大小位置的调整。同时对树木效果进行进一步的处理，如色彩冷暖色调变化、深浅变化及图层面板中阴影的变化等。除此之外也可通过画笔工具或填充工具对大比例尺的树木直接以色块的形式进行填充。

（5）修饰完善

①图层整理。

检查图纸中各要素是否都已填充完毕，色彩的调整和后期效果的处理是否都已完成。现需要进一步调整图层顺序，把各要素线框图层移至最上一层，其余填充图层，根据实际场景空间位置的不同进行上下调整。注意图层各要素实际场景高度不同、效果不同需要区别运用不同的图层。

②整体效果修饰。

修饰整理效果，是对整个图片整体性、统一性调整的关键。在“小庭院效果平面图”中对线框图层进行合并，并移至最上层，全选所有线框更换色彩为白色。白色线条整个图面有一个提亮的作用。其次对所有图层进行盖印，运用“Ctrl + Shift + Alt + E”命令对所有图层形成一个单独的图层，命名为“整体”图层，接下来进一步调整整体色彩冷暖、亮度/对比度、曲线变化，同时也可运用加深或减淡工具对图中有深浅变化的区域进行修饰和完善。

（6）保存文件和输出图纸。

文件保存，输出图纸可直接保存为 PSD 格式，也可用 JPG 格式。

16.1.4　例　图

本案例成品例图如图 16 – 1 所示。

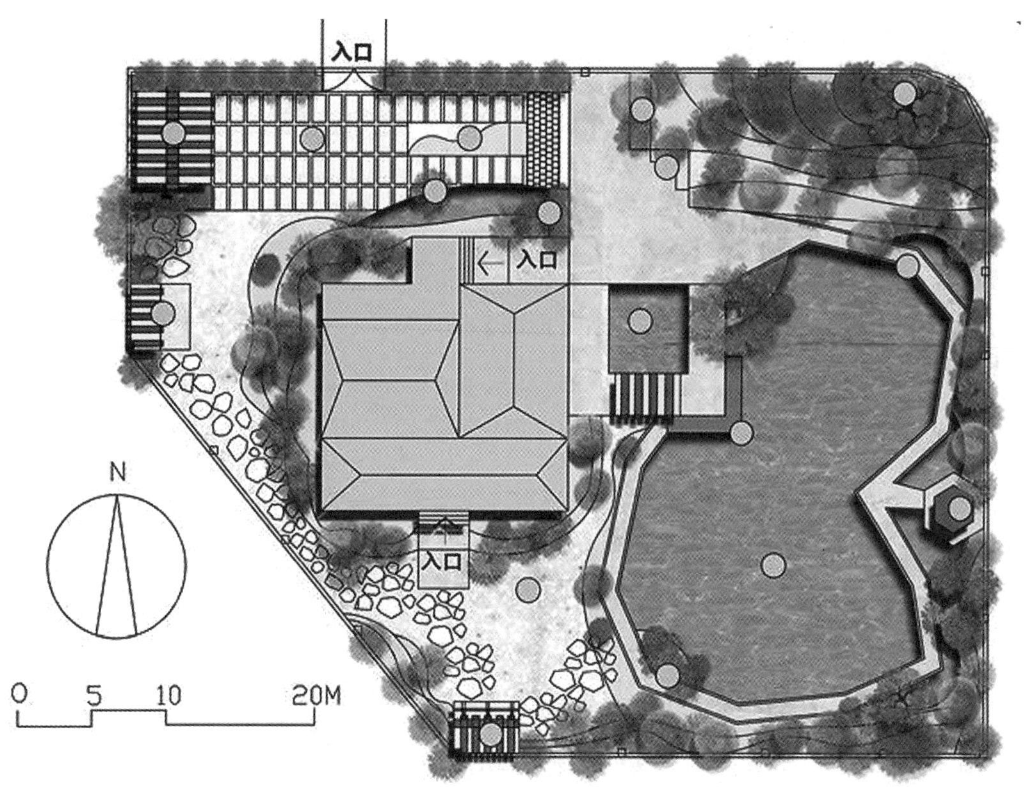

图 16 – 1　小庭院彩色平面图

16.2　案例 2：园林小公园彩色平面图制作

16.2.1　任务书要求

①完成相似案例分析，主要分析色彩、构图形式以及形式美法则的运用，确定自我绘

图风格，根据实践2小庭院彩色平面图实践经验，独立完成“小公园彩色平面图”，对CAD软件中的“小公园平面图.dwg”图纸文件进行整理，导入PS软件中，运用PS软件所学内容对“小庭院平面图.dwg”进行彩色平面处理。

②注意结合专业艺术素养、专业认知完成“小公园平面图.psd” “小公园平面图.jpg”等图纸。

③要求图纸美观，色彩表达协调，表现内容清晰，图例表现清晰、简洁。

④.psd文件图层内容明确。

16.2.2　操作程序

分析案例，确定绘图风格→CAD图纸整理→分层导出CAD图纸→分文件导入PS软件中→PS中图层整理→PS绘图工具完成图纸→PS修饰工具完善图纸。

16.2.3　主要内容

①案例赏析及借鉴：分析构图原则；分析配色原理，学会色彩搭配方法；分析彩图整体平衡感及美学原理，学会运用相关美学原理。

②在CAD中打开“小庭院.dwg”文件，对文件进行整理，检查图层、线段等问题。

③分别导出各类型图层，再分类导入PS中。

④PS中建背景图层，调整图层。

⑤对导入的图层进行命名，分别进行后期效果处理；填充颜色、图案；种植树木；设置投影等效果；文字书写等。

⑥检查图形完整度，对图进行修饰完善。

⑦保存文件和输出图纸。

16.2.4　实践练习

结合平面图操作步骤及方法，分析平面图案例风格，独立完成如图16－2所示的小公园平面效果图。

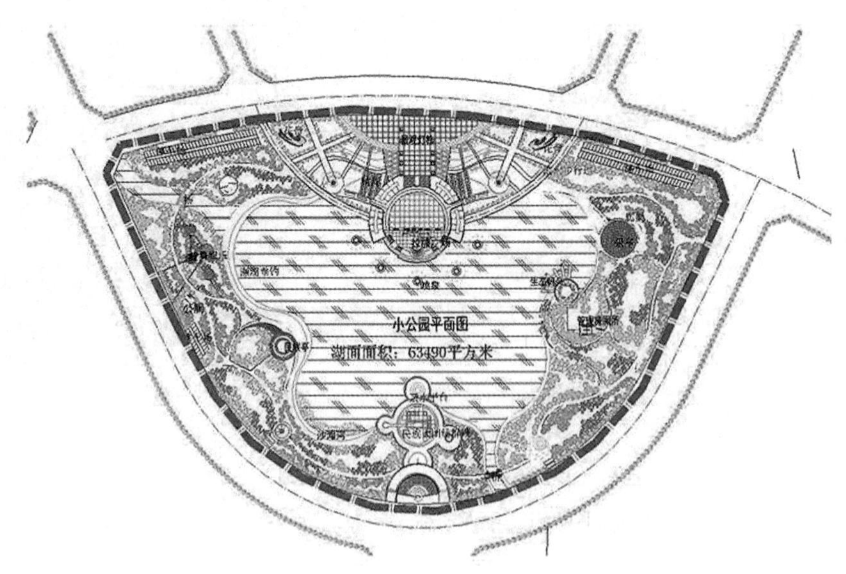

图16－2　小公园平面图

16.3　案例3：园林小庭院节点彩色效果图制作

16.3.1　任务书要求

①完成“小庭院节点透视效果图”，请运用PS软件所学内容对“小庭院模型.tif”进行彩色平面处理。

②注意结合专业艺术素养、专业认知完成“小庭院节点透视效果图.psd”“小庭院节点透视效果图.jpg”等图纸。

③要求图纸美观，色彩表达协调，表现内容清晰，图例表现清晰、简洁。

④.psd文件图层内容明确。

16.3.2　操作程序

在PS中导入SU模型图纸→对节点模型进行抠图、调整→在景观素材库文件中选择搭配素材→导入SU模型文件中→整理、调整图层→PS绘图工具完成图纸→PS修饰工具完善图纸。

16.3.3　主要内容

（1）构图分析。

为了突出效果图的真实场景及美感，在创作效果图时需要考虑几个方面的内容。

①图面整体感：应该具有统一性，遵循形式美法则的运用。

②取景角度要突出主景：即此次构图主景为庭院建筑模型，应位于构图中心，突出主景的主要特色。

③色彩搭配：色调应统一，如以冷色调或暖色调为主，适当进行调色搭配。

④造景手法：主要体现在空间层次感的运用中，首先是主景是第一要素，可通过突出主景的方法，如位于构图中心或是高处或是通过渐变等手法凸显出主景；其次是背景的运用应占据整个构图的四分之一至三分之一，可运用天空或树木放置于主景之后，色彩不宜太过鲜亮，以衬托出主景；再次是前景放置于主景之前，可以运用框景、添景、夹景等手法，在设置各要素时需要注意透视原理、近大远小、近高远低的原则，同时还要考虑各要素之间的比例尺度关系。

（2）制图分析

①模型导入。

1）导入透视模型。

在PS中导入小庭院节点透视模型图纸；在PS中新建A3图纸，命名为“小庭院节点透视效果.psd”文件，把“小庭院节点透视模型.tif”格式图层直接复制到“小庭院节点透视效果.psd”文件中，命名为“模型”图层。

2）对小庭院模型进行调整、完善。

调整小庭院模型，首先对模型背景用魔棒工具进行选取、删除；其次对模型位置进行调整，调整至占据图面位置的二分之一位置即让模型占据图幅中心，作为整幅图面的主景。

②素材调整。

1）在景观素材库文件中选择与小庭院节点透视相搭配的效果图素材文件，导入到小庭院节点透视图层中，调整、完善各类型素材图纸；注意在调整中遵循透视原理，素材的选择也要考虑质感相近或相似，即应具有统一性。

2）对导入图层各要素如效果不同、空间（垂直、水平）层次不同可分图层。

③图像处理。

1）图层盖印整体处理。

图像处理主要考虑整体效果，运用盖印命令（“Ctrl + Shift + Alt + E”）创建一图层为整体共有图层，命名为“整体”。

2）构图调整统一。

在“整体”图层中可以通过图像调整、亮度/对比度、色彩平衡、色相、饱和度及曲线等命令对整个构图色彩搭配合理、色调统一，具有整体感。

3）效果提升模糊处理

运用滤镜调整命令对图中亮色部分进行模糊处理，首先运用色彩范围，范围值可设得大一些，选取亮色部分，运用“Ctrl + C”命令对该部分进行复制，粘贴形成新图层，在该图层中选取所有范围，再运用滤镜→径向模糊→图像→曲线→调高亮度，对该区域进行模糊处理，如此反复两次，达到所需效果。

④检查图形完整度，对图进行修饰完善。

⑤保存文件和输出图纸。

16.3.4 例　图

案例成品例图如图 16－3 所示。

图 16－3　小庭院节点效果图

16.4　案例4：园林小公园节点彩色效果图制作

16.4.1　任务书要求

①完成相似案例分析，主要分析色彩、构图形式以及形式美法则的运用，确定自我绘图风格，根据实践3小庭院节点透视效果图实践经验，独立完成“小公园节点彩色效果图”。

②注意结合专业艺术素养、专业认知完成“小公园节点透视效果图.psd”“小公园节点透视效果图.jpg”等图纸。

③要求图纸美观，色彩表达协调，表现内容清晰，图例表现清晰、简洁。

④.psd文件图层内容明确。

16.4.2　操作程序

分析案例，确定绘图风格→在PS中导入SU模型图纸→对节点模型进行抠图、调整→在景观素材库文件中选择搭配素材→导入SU模型文件中→整理、调整图层→PS绘图工具完成图纸→PS修饰工具完善图纸。

16.4.3　主要内容

①案例赏析及借鉴：分析构图原则；分析配色原理，学会色彩搭配方法；分析彩图整体平衡感及美学原理，学会运用相关美学原理。

②在PS中导入小公园节点透视模型图纸。

③对小公园节点模型进行调整、完善。

④在景观素材库文件中选择与小公园节点透视相搭配的效果图素材文件，导入到小公园节点透视图层中，调整、完善各类型素材图纸。

⑤对导入的图层进行命名，分别进行后期效果处理；设置投影等效果；文字书写等。

⑥检查图形完整度，对图进行修饰完善。

⑦保存文件和输出图纸。

16.4.4　实践与练习

结合效果图操作步骤及方法，分析效果图案例风格，独立完成如图16－4所示的小公园节点效果图。

图16－4　小公园节点效果图

16.5　案例5：园林分析图的制作

16.5.1　任务书要求

①完成相似案例分析，主要分析色彩、构图形式以及形式美法则的运用，确定自我绘图风格，根据PS中彩色效果图实践经验，在PS中完成“小庭院分析图”制作。

②注意结合专业艺术素养、专业认知完成“小庭院功能分区图.jpg”“小庭院景观分析图.jpg”“小庭院道路分析图.jpg”等图纸。

③要求图纸美观，色彩表达协调，表现内容清晰，图例表现清晰、简洁。

④psd文件图层内容明确。

16.5.2　操作程序

相似案例分析，确定风格→CAD中绘制分析底图→导入PS中效果填充→导出图纸。

16.5.3　主要内容

（1）案例分析

案例分析，确定绘图风格；分析庭院平面图功能、景观、道路特点及绘制方式。

（2）在CAD中绘制分析底图

①打开计算机辅助设计CAD软件，在软件中打开“庭院景观.dwg”文件；

②在“庭院景观.dwg”图中分别建功能分析图层、景观分析图层、道路分析图层、图框图层、图例图层；

③在“庭院景观.dwg”图中选择图框图层绘制A3图框；

④在“庭院景观.dwg”图中选择功能分析图层，用多段线绘制功能分析，注意修剪、闭合等命令的运用，确保图形清晰美观；

⑤在“庭院景观.dwg”图中选择景观分析图层，用多段线绘制景观分析，注意修剪、闭合等命令的运用，确保图形清晰美观；

⑥在“庭院景观.dwg”图中选择道路分析图层，用多段线绘制道路分析，注意修剪、闭合等命令的运用，确保图形清晰美观；

⑦在“庭院景观.dwg”图中选择图例图层，用多段线绘制图例图标（注意文字部分可以到PS中加注），注意修剪、闭合等命令的运用，确保图形清晰美观；

⑧检查以上三种类型图纸，是否已分图层，是否已修剪、闭合，确保图形清晰美观。

（3）在CAD中打印导出图纸

①选择“功能分析图层、图例图层、图框图层”，其他图层全部闭合，选择文件→打印命名；

②选择打印格式为PDF格式，选择窗口命令，框选图框大小，确定打印，命名为“功能分析图.pdf”格式，如此反复，分别打印出景观分析图、功能分析图。

（4）在PS中导入图纸

①打开PS软件，文件→打开→功能分析图.pdf；

②打开创建背景图层，运用PS绘图命令进行填充处理；

③运用图层属性，调整分析图效果；运用PS修图工具完善图纸；

④整理图纸，完善文字，导出图纸。

16.5.4　例　图

本案例成品例图如图 16－5、16－6、16－7 所示。

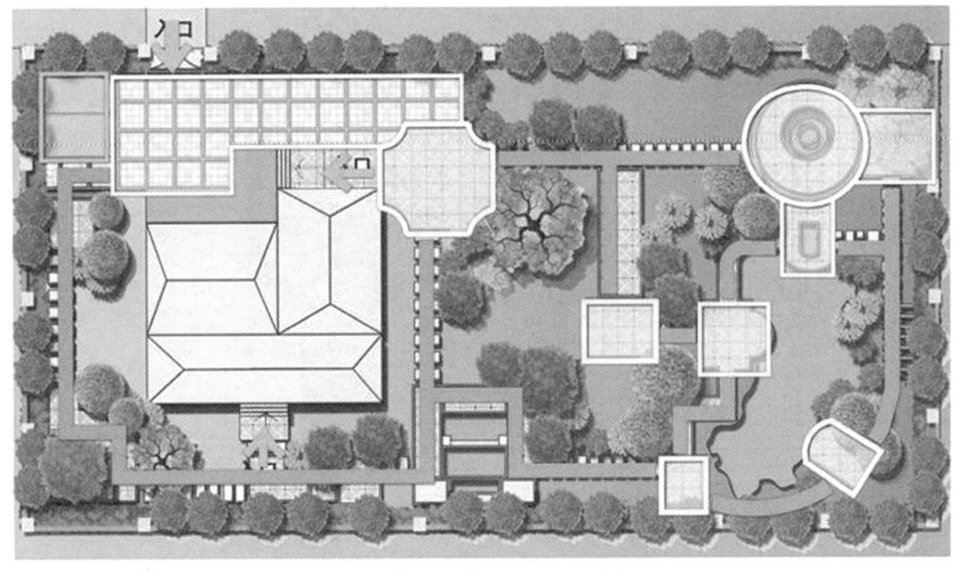

图例 停车位 活动广场 出入口 游步路

图 16－5　小庭院交通分析图

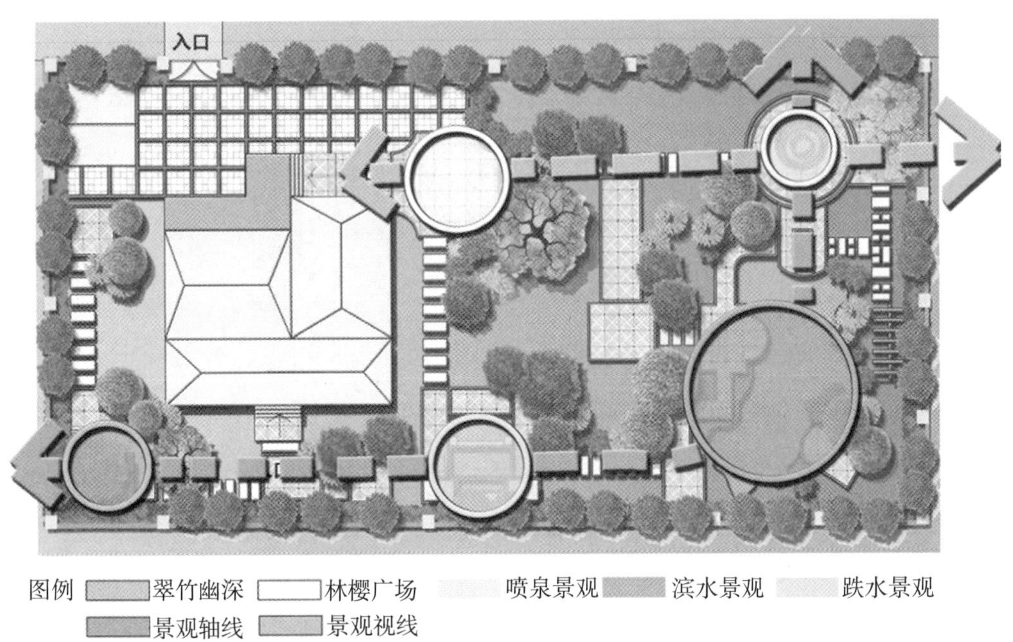

图 16－6　小庭院景观分析图

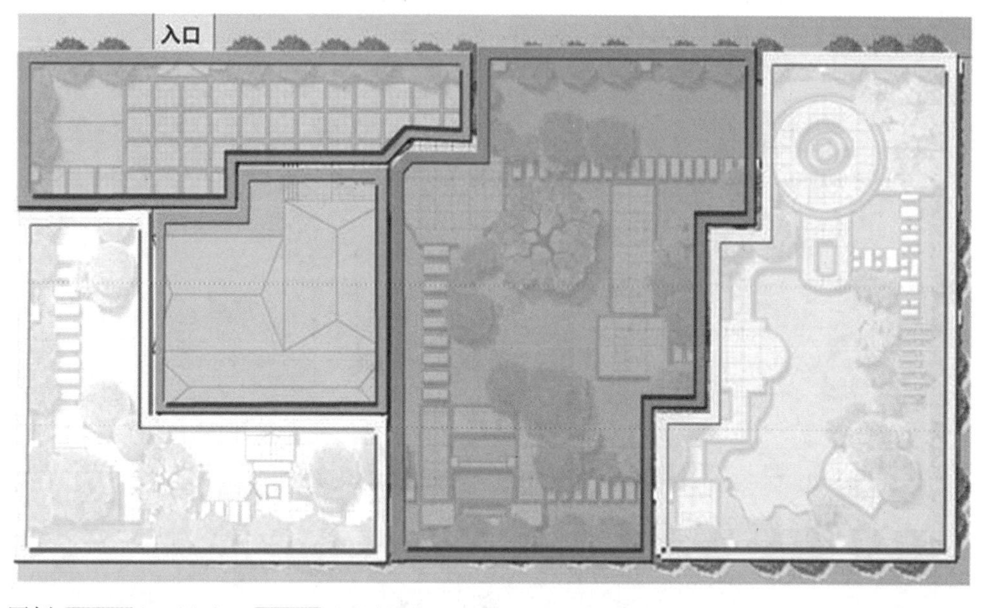

图 16－7　小庭院功能分析图